全 国 职 业 培 训 推 荐 教 材
人力资源和社会保障部教材办公室评审通过
适 合 于 职 业 技 能 短 期 培 训 使 用

茶叶种植基本技能

林素彬　主编

中国劳动社会保障出版社

图书在版编目（CIP）数据

茶叶种植基本技能/林素彬主编.—北京：中国劳动社会保障出版社，2014

ISBN 978-7-5167-1261-0

Ⅰ.①茶…　Ⅱ.①林…　Ⅲ.①茶叶-栽培技术　Ⅳ.①S571.1

中国版本图书馆 CIP 数据核字（2014）第 188151 号

中国劳动社会保障出版社出版发行

（北京市惠新东街 1 号　邮政编码：100029）

*

三河市华骏印务包装有限公司印刷装订　新华书店经销

850 毫米×1168 毫米　32 开本　3.75 印张　96 千字

2014 年 8 月第 1 版　2024 年 1 月第 12 次印刷

定价：**9.00** 元

营销中心电话：400－606－6496

出版社网址：http://www.class.com.cn

前言

　　职业技能培训是提高劳动者知识与技能水平、增强劳动者就业能力的有效措施。职业技能短期培训，能够在短期内使受培训者掌握一门技能，达到上岗要求，顺利实现就业。

　　为了适应开展职业技能短期培训的需要，促进短期培训向规范化发展，提高培训质量，中国劳动社会保障出版社组织编写了职业技能短期培训系列教材，涉及二产和三产百余种职业（工种）。在组织编写教材的过程中，以相应职业（工种）的国家职业标准和岗位要求为依据，并力求使教材具有以下特点：

　　短。教材适合 15～30 天的短期培训，在较短的时间内，让受培训者掌握一种技能，从而实现就业。

　　薄。教材厚度薄，字数一般在 10 万字左右。教材中只讲述必要的知识和技能，不详细介绍有关的理论，避免多而全，强调有用和实用，从而将最有效的技能传授给受培训者。

　　易。内容通俗，图文并茂，容易学习和掌握。教材以技能操作和技能培养为主线，用图文相结合的方式，通过实例，一步步地介绍各项操作技能，便于学习、理解和对照操作。

　　这套教材适合于各级各类职业学校、职业培训机构在开展职业技能短期培训时使用。欢迎职业学校、培训机构和读者对教材中存在的不足之处提出宝贵意见和建议。

人力资源和社会保障部教材办公室

简介

　　本书首先对茶树的基本知识进行介绍，让学员先从认识茶树开始学习，在此基础上，对茶树生长的环境条件、茶树的繁殖、茶园管理、茶叶采摘、茶树灾害性气象的防御及补救、茶树病虫害的防治等内容进行分析，使学员通过学习能够达到茶叶种植岗位的工作要求，快速上岗。

　　本书在编写过程中根据多年的教学和实践经验，从茶叶种植的基本岗位实际要求出发，针对初学者的特点，力求做到精简理论，突出技能操作，从而强化实用性。全书语言通俗易懂，采用图文相结合的方式，一步一步地介绍各项操作技能，便于学习、理解和对照操作。

　　本书由林素彬主编，易耀伟、陈毅强、林镕钊参与编写。

目录

第一章　茶树的基本知识

第一节　茶树的形态特征

茶树栽培，不但要认识茶树植株的特征特性，还必须了解茶树的构造及各器官的特性，进而掌握其生长发育规律，并加以人为的调节与控制，以促进有利的经济性状的发展，抑制不利性状的发生，从而提高茶叶生产的经济效益。

一株茶树，是由根、茎、叶、花、果等器官构成的。根、茎、叶是茶树吸收、制造、输导和储存营养物质的器官，称为营养器官。花、果是茶树传宗接代的器官，称为生殖器官。生产上通常把茶树分为地上部分和地下部分两大部分。地下部分为根系，地上部分为根颈、树冠。根颈是地上部分和地下部分的交界处，它是茶树各器官中比较活跃的部分。

一、茶树的根系

1. 茶树根系的形态

根系是由主根—侧根—须根—根毛组成的。

根系分布状况与生长动态是制定茶园施肥、耕作、灌溉等管理措施的主要依据。"根深叶茂"就充分说明培育好根系的重要性。

（1）主根：用茶籽种植的茶树，其主根是由胚芽向下伸长而成。

（2）侧根：由主根分生的根叫侧根。

（3）须根：侧根再生的根叫须根，又称为吸收根。须根上有许多根毛，能吸收土壤中的养分与水分。

根据发根的部位和性状分为：定根和不定根（如图1—1所示）。主根和侧根上分生的根称为定根；从茎、叶上产生位置不一定的根，称为不定根。

a)   b)

图1—1　茶树根系

a) 定根　b) 不定根

2. 茶树根系在土壤中的分布及生理功能

茶树是深根作物，主根长达1 m左右，有的长达2～3 m，而在土壤10～30 cm深土层内，吸收根中超过50%根系的幅度依树龄不同而异，幼龄期约40 cm，壮龄期约160 cm，衰老期约60 cm，所以对茶树施肥时应根据不同树龄来确定施肥位置以发挥肥料最大的肥效。

茶树根系的生长状态不但与树龄有关系，还与土壤生态条件及农业措施也有一定的关系。如栽培管理好，土深肥沃，根系的生长就会旺盛。如每次施肥过浅，则会诱导根系向土壤表层生长；如土壤较长期干旱，根系会扎得深，但吸收根会减少等。所以茶树施肥还必须讲究全面周到，无论是哪种定植方式，茶树的两边都得施肥，使两边的根系都能得到养料。

茶树根系的生长期与地上部分的生长期是交替进行的。10—11月，地上部分进入休眠期，而根系却是生长旺盛期，一般每昼夜新根伸长达1～1.5 cm。因此，茶园深耕与施肥最好在

10—11月前完成，使新生的根系能及时得到养分，又可减少根系的损伤。

二、茶树的茎

茎是指着生叶片的枝条。

1. 茶树茎按生长部位具体分为四部分

（1）主干：分枝以下的部位。

（2）主轴：分枝以上的部位。

（3）骨干枝：主轴上的分生枝为骨干枝。

（4）生产枝：着生新梢的枝条。

2. 茶树依分枝部位高低不同可分为三种树型

（1）乔木型（如图1—2所示）。植株高大，主干明显。分枝部位高，最低分枝高度一般离地面30 cm以上，主根发达。如云南大叶种，大部分的野生大茶树。

图1—2　乔木型

（2）小乔木型（如图1—3所示）。植株较高大。主干尚明显。最低分枝一般都在地面以上，如梅占、水仙、黄金桂等。

（3）灌木型（如图1—4所示）。植株较矮小，无明显主干。灌木型茶树近地面处枝干丛生，或从根颈处发出，分枝稠密。根系分布较浅，侧根发达。如铁观音、本山、毛蟹等。

3. 依茶树分枝角度大小分为三种树姿

（1）直立状。树姿的分枝角度小，顶端优势强，如梅占等。

（2）披张状。树姿的分枝角度大，向四周披张，如铁观音、

图1—3 小乔木型

图1—4 灌木型

佛手、本山等。

（3）半披张状。分枝角度介于两者之间，如福鼎大毫茶等。

在生产上，可依据品种、分枝角度大小决定茶树种植的配置方式和种植密度。

4. 依茶树的分枝方式分为单轴式和合轴式

单轴分枝是指顶芽不断向上生长形成主轴，主轴的腋芽发育成侧枝。合轴分枝是指茶树主干由许多腋芽发育而成的侧枝联合组成。

茶树从幼苗开始，主茎的顶芽活动占优势，出现明显的主枝，其侧枝不发达，形成单轴式。其缺点是不利于树冠开张和产量的构成。而成年期茶树经过采摘、修剪等因素抑制主枝生长，促进侧枝生长，形成合轴分枝。其优点是有利于树冠的迅速扩展，提高茶叶产量。生产上根据分枝的形式，采取打顶、采摘、修剪等合理措施，有利于侧芽、侧枝的大量生长，提高茶叶产量。

三、茶树的芽和新梢

1. 茶芽根据发育不同分为叶芽（营养型）和花芽（生殖型）两种

发育成枝条的芽为叶芽（如图1—5所示），而发育成花的芽称为花芽（如图1—6所示）。

图1—5　叶芽

图1—6　花芽

2. 茶芽根据着生部位不同分为定芽和不定芽两种

定芽根据生长部位不同又分为顶芽和腋芽。生长在枝条顶端的芽为顶芽（如图1—7所示），生长在叶腋间的芽为腋芽（如图

1—8所示）。茶树有的芽生长在节间或根部等其他部位的芽称为不定芽。其中顶芽对腋芽的生长有抑制作用，在生产上常去掉顶端优势，促进腋芽大量生长，提高茶叶产量。

图1—7　顶芽

图1—8　腋芽

3. 茶芽根据形成季节不同分为冬芽和夏芽两种

冬芽是秋冬季形成，第二年春夏发育。而夏芽是春夏间形成，夏秋发育。其区别是冬芽较粗大，外有鳞片3～5片，密生茸毛，茸毛具有防止水分散失和防寒作用。而夏芽小，外有1～2片鳞片，由鱼叶代行其功能。

4. 茶芽根据生长动态分为生长芽和休眠芽两种

处于生长状态的芽叫生长芽（如图1—9所示）。而尚未分化完全或因外界条件不宜而暂处于停止生长的芽叫休眠芽。新梢因成熟或水分养分不足致使顶芽停止生长而形成细小的芽叫作驻芽

（如图 1—10 所示）。驻芽与腋芽以及潜伏于老树枝皮层内的潜伏芽统称为休眠芽。芽具有很强的再生能力和耐采耐剪的特性。如潜伏芽可休眠多年，生产上可对老茶树或枯枝、病虫枝经过"重修剪、台割"等方法，使茶树重新萌发并发育为新枝条。

图 1—9　生长芽

图 1—10　驻芽

5. 茶树的新梢

　　初期未木质化的枝条即为新梢。其由营养芽发育而成的称为嫩枝或芽叶，分为正常新梢和不正常新梢两种。正常新梢展叶达4 片以上，其中顶芽明显具有继续生长和展叶能力的为正常未成熟新梢；而展叶虽达四片以上，但顶芽已停止生长展叶不再形成驻芽的为正常的成熟新梢。对于新梢展叶在 3 片以下便形成驻芽的为不正常新梢，一般其节间短叶片形似对生状态，为对夹叶。

产生不正常新梢主要是受外界不良环境条件、水肥条件不足等的影响。在生产上应根据不同原因，采取不同措施，减少不正常新梢生长。

在新梢形成老枝条的过程中，其外表皮会发生不同的变化：新梢—柔软（青绿色）—半木质化（淡黄）—木质化（浅棕色）—红棕色—淡灰—灰暗色（老枝条）。

四、茶树的叶

1. 叶的外部形态

叶片分为鳞片、鱼叶和真叶三种（如图1—11所示）。鳞片体小质较硬，无叶柄，呈复瓦状，芽萌发后就脱落。鱼叶是发育不完全的叶片，因形似鱼鳞而得名。属于茶树的变态叶，是区分各轮新梢的标志。鱼叶以上是真叶。茶树的叶片主要是指真叶而言。叶片的形状一般分为椭圆形（铁观音），长椭圆形（梅占），卵形（佛手）、披针形（黄金桂）。颜色分为淡绿（白观音）、绿（肉桂）、浓绿（青心奇兰）、黄绿（大红、佛手）、紫绿色。叶尖形状分为：渐尖、钝尖、急尖、凹尖。叶面形状分为：干滑（梅占、水仙）、隆起（皱面吉、铁观音）、微隆起（八仙茶）。叶质分为：厚、薄、柔软、硬脆。叶片分为：叶柄、叶面。

图1—11 鱼叶

（1）叶片的特征：

1）茶树的叶片有叶脉。主脉由叶柄基部延伸到叶尖（如图

1—12 所示)。

2)叶缘有锯齿,而离叶柄基部 1/3 处没有锯齿。

3)茶树的叶片背面着生白色茸毛。

图 1—12 叶脉

(2)一般叶片的大小以定型叶的叶面积来区分。叶面积的计算公式:叶长(cm)×叶宽(cm)×0.7(系数)=叶面积(cm²)。

叶面积大于 60 cm² 属于特大叶,40~60 cm² 属大叶,20~40 cm² 属中叶,小于 20 cm² 为小叶。

(3)茶树的真叶可分为幼叶、定型叶和老叶三种。幼叶是制茶的原料。叶片的寿命为 1 年左右。在生产上,茶叶采摘要适当留叶,留下新叶以取代脱落的老叶,因春夏之交,当新叶大量发生时,老叶脱落最多。还应根据叶片的形状、大小与叶色深浅等变化,灵活掌握施肥与灌溉。在阳光强烈时,叶片绿色转暗,嫩叶下垂或叶缘卷起,说明土壤缺水。而在肥水充足时,生长良好,叶片油绿光泽性好。

2. 叶片的生育

叶片伸展的过程中,可以看到三次明显的活动:第一次由内折到反卷,第二次由反卷到平展,第三次定型。经过几次的伸展,背面的许多茸毛会自行脱落。

五、茶树的花、果实和种子

1. 茶树的花

茶花为两性花,花蕊分为雄蕊和雌蕊(自花传粉)。花芽位于叶芽两侧。花一般为白色,有少数呈淡红色。

(1)花序类型:单生、对生、总状、丛生。

（2）花的组成：花托、花萼、花瓣、雄蕊、雌蕊。

（3）花的器官由外向内可分为：花萼、花冠、雄蕊、雌蕊。

花粉粒的变化：花粉粒初期（淡黄色）—成熟后（金黄色）—未传送—黑色。

2. 开花结果时间

6月上中旬花芽分化，7月下旬出现花蕾，9月下旬至10月下旬开花，果实在第二年霜降前后才能成熟。

3. 茶树的果实与种子

茶树挂果实为蒴果，外形光滑，形状随种子数不同而异。如圆形、半圆形、梅花形等，未成熟的果实呈绿色，成熟后表皮呈棕绿或绿褐色。成熟后果皮背裂，种子自行脱落。

果实组成：果壳、种子。种皮坚硬，棕褐色，种仁肥厚乳白色（如图1—13所示）。

种子结构：外种皮（也叫种壳），成熟的种子呈褐黑色而略带光泽，（如图1—14所示）、内种皮（有一层白色透明的内胚膜包裹着种仁）。

图1—13　茶果

随着茶树树龄的增大，开花结果也随之增多，而花果着生越多，就越加剧树势的衰退。因为茶树体内的养料被转化为花果，就会抑制营养器官的生长。所以了解了茶树开花结果的规律，在生产上就应采取人为的疏花疏果措施，减少茶树体内养分的消耗，促进营养器官的生长，从而增加茶叶产量，如通过增施氮

图1—14 种子

肥，以调控生殖器官的分化或通过喷射乙烯利药剂，以刺激花果的脱落。

第二节 茶树的生物学特性

茶树是多年生的常绿木本植物，它和其他木本植物一样，具有一生的总发育周期和一年中的年发育周期。它的一生，和其他生物一样，有它自己的生长发育规律。这个规律是由茶树有机体的生理机能特性所支配而发生、发展的。

茶树一生的总发育周期，是指从茶籽的萌发到茶树死亡的整个生命过程。具体是指茶树种子萌发—生长—开花—结果—衰老期—更新到死亡。这个生育的全过程称为总发育周期。

茶树一年中的年发育周期，是指茶树在一年中的生长发育过程，由于一年中受到自身的生育特性和外界环境条件的影响，而表现出不同季节的不同生育特点，称为年发育周期。

一、茶树一生的总发育周期

幼苗期—幼年期—成年期（青、壮）—衰老期。

1. 幼苗期

从茶籽播种萌发开始到第一次生长停止称之"幼苗期"。

（1）茶籽的萌发过程称幼苗期的前期。霜降时播种需要四五个月的时间。土温在 10℃ 以上，湿度 60％～70％，茶籽含水量 50％～60％开始萌发长成幼苗（由子叶储藏的养料供给）。

（2）前期的农业措施

1）采取茶籽精选浸种催芽，保证播种地土壤疏松。

2）穴播，适当浅覆土，有利于茶籽发芽和出土。

3）当胚芽出土，第一片真叶展开到顶芽形成驻芽，茶苗进入停止生长时期，为幼苗期的后期。

（3）幼苗后期一方面由子叶供给养分；另一方面也由真叶制造养分，从双重营养进入到完全由光合作用所取代的营养方式。

（4）后期的农业措施

1）幼苗不耐强光、高温、干旱，应注意遮阴、除草、合理灌溉等措施，保证全苗、壮苗。

2）双重营养时期，要配施氮、磷、钾，氮、磷、钾的比例为 1∶2∶2。

（5）生长特点

主要表现在叶子的构造上，叶面积较小，叶形为卵圆形，叶尖不明显，在幼茎上着生了 3～5 片叶子，最小的一片为发育不全的鱼叶，全枝不分枝，幼根比幼苗长，属单轴分枝。

2. 幼年期

茶树从茶苗第一次生长停止开始，到第一次可以采摘，这一时期称为幼年期。

（1）农业措施

1）进行人为打顶，使单轴分枝过渡到合轴分枝以培养树型骨架。

2）加强水肥管理，经常疏松土壤，防止杂草丛生，促进根系分生，提高茶树的抗旱、吸肥、防寒能力。

（2）生长特点。主要是在自然生长条件下，主干与侧枝的生长矛盾，即地上部分基本上是单轴分枝，第 2 年有一、二级分枝，第 3 年有三级分枝；但在人为剪采条件下，分枝较为迅速成为合轴式分枝。主干仍明显，同时侧根开始分生（一般 3 年后可正式投产，应将水肥管理好）。

3. 成年期

从茶树第一次可采摘到第一次自然更新为止，称为茶树的成年期（如图1—15所示）。

图1—15　成年茶树

（1）青年期。从茶树第一次开花结果至树冠自然定型为止。

1）生长特点：生长旺盛，侧根越分越长，树冠越长越茂，由单轴分枝变成合轴分枝，芽头稠密，根系比叶代谢旺盛，树冠基本定型，同时生殖器官发育加强，开花极盛，但结果不多，营养生长仍然占绝对优势，这个阶段为创造高产稳产树型阶段，不得忽视及强采。

2）农业措施

①前期。主要是将肥管好，同时注意合理剪、养、采，以着重培养高产优质的理想树冠为目的，采取加深土层，补施有机肥与磷肥，促进根系的扩展及采摘为辅的农业措施。

②中后期。相应增施氮、磷、钾与合理采摘，以扩大有效采摘面为目的，不得强采硬采，并注意防治病虫害。

（2）壮年期。茶树由自然定型到第一次自然更新，称"壮年期"，此阶段为15～20年，如肥水管理良好的可持续30～40年。

1）生长特点：分枝旺盛，合轴分枝，此阶段时间的长短，取决于肥水管理水平、采养方法以及生态环境条件。依树冠状况可分三个时期：

①前期。树冠中部内侧开始衰老，但外部新梢萌发旺盛。死亡的内侧枝条与外部新长出的新梢达成平衡。

②中期。由于多年采摘结果，顶部产生细小的"鸡爪枝"，妨碍新梢的萌发，故由根茎处不定芽抽发出侧枝的更新枝，取代顶端的细弱"鸡爪枝"，以示壮年时期的旺盛树势。

③后期。粗枝条逐渐衰老，树冠枝条稀疏，由根颈处抽发徒长枝，为自然更新现象，此时期发生的花果也极盛。

2）农业措施。为了保持茶树的壮年期，延长高产稳产树势，可采用浅剪与深剪交替进行，同时清除树冠面上的枯弱枝及内侧的病虫枝，人为保持旺盛的树势。

后期应保护徒长枝的抽发，更新树冠，并实行合理采养，摘除花果，重施基肥，注意氮、磷、钾的合理配施，不得忽视病虫害的防与治。

4. 衰老期

从茶树第一次自然更新到整株茶树死亡为止，称为衰老期（如图1—16所示）。

图1—16　衰老茶树

（1）生长特点

1）主要表现在形态特征上，树冠的部分枝条干枯死亡，顶部枝条细弱，多结节（鸡爪枝），新梢短小，叶片小，又易硬化，徒长枝和对夹叶大量死亡。

2）生理上，无论营养生长或生殖生长能力都大大减弱，产量日趋下降。

3）由于茶树的自然更新及多年采摘，渐趋衰老，加上如此反复的多次更新，以致失去更新能力，最终死亡。

（2）农业措施

1）加强树体的更新复壮措施，防治病虫害，同时采用重修剪或台割的方法，延长生长年限。

2）对更新复壮后的茶树，应贯彻合理的采养，加强土壤管理，增施有机肥，重新培养树冠，稳住单产。

3）对经多次更新复壮的茶树，树势已十分衰老甚至失去生长能力的，应坚决以新代老，挖除改植新株。

二、茶树的年发育周期

茶树的年发育周期即指茶树的物候期现象。也是茶树遗传性的表现，同时受外界环境条件的综合影响。

1. 根系的活动

栽培茶树首先是养根，以根促芽叶，生产上应根据根系的生长活动制定正确的农业技术措施。

（1）适宜茶树生长的条件

地温 10～25℃，土壤空隙率 30%～50%。要求土壤中有充足的水分和氧气，茶树体内有一定数量的营养物质的积累，才能适应根系的生长需要。

（2）根系生育情况

1）地上部分与地下部分生长具有交替进行的规律，据测定，根系生长最旺盛是在 9—11 月（系指农历），福建省有"七挖金，八挖银，十挖山认情"之说，故为"深翻下基肥"提出了理论依据。

2）根分布与土壤耕作、施肥、种植方式、气候条件和树龄密切相关。

3）茶树根系有三次生长高峰：分别在 2—3 月、6—7 月、9—11 月。具体高峰期的出现迟早因地区气候、品种树龄和肥培管理等不同而有所差异。热带、亚热带比暖温带早，早芽种比中、迟芽种早。

总的规律是根系第一次生长高峰早于越冬芽的萌发生长。

第二次根系生长高峰是在春梢停止生长时开始的，因此时叶片制造的营养物质转入了根系。

第三次生长高峰是 9—11 月，茶季将近结束的时候。

根系的死亡更新主要在冬季 12 月至翌年 2 月。

（3）相应的农业措施

在根系生长高峰期内新根发生多，吸肥效果好，故应掌握在高峰期间，分批追肥。即施肥的最佳时期，可增加秋季养分积累，以供第二年生育之用，并助长冬芽发育。由此可见，秋季茶园的管理极为重要。

2. 新梢的生育

新梢是由各种营养芽发育而成的。新梢上的幼嫩芽叶是制茶的原料，也是茶树维持生育和构成丰产树冠的重要部分，因此促进新梢的生长发育，是栽培茶树的主要任务之一。

（1）新梢生育过程。

越冬芽在第二年春季当日平均气温上升到 10℃以上，营养芽就开始萌动，14～16℃开始生长展叶，17～30℃生长迅速，10℃以下或 30℃以上生长缓慢或停止。每轮新梢生长期，一般在 40 天左右。但因品种、气候等因素的不同，短的 30 多天，长的 70 多天。具体生育过程：

越冬芽萌发—鳞片开展—鱼叶开展—真叶展开—形成驻芽—第二次生长—第三次生长—枝条。

（2）影响新梢伸育生长的基本因素有内在因素和外在因素。

1）内在因素：茶树品种、生物学年龄、树势、叶芽位置、叶片发育程度。

茶树品种：不同品种其新梢的萌芽时间不一样。早芽种感温低新梢萌发较早，迟芽种感温高新梢萌发较迟；不同育种方式的茶树其茶芽萌发不一样；有性繁殖群体，茶芽萌发不一，差异较大；无性繁殖群体，茶芽萌发整齐。

生物学年龄：不同生物学年龄，新梢的伸育特性也不同。如幼年期的茶树，新梢比较粗壮、稀疏，而衰老期则新梢比较细小。

叶芽的位置：顶芽生育优于腋芽（面张芽与内侧芽）。顶芽萌发率高而且早，腋芽的面张芽优于树冠内侧芽，面张芽叶片生长良好，能充分吸收水分、养分，光合作用强。内侧芽阳光照射较少，光合作用弱，叶片生长不良。

树势与叶片发育程度两者互相联系，树势不同直接影响叶片的生育以及新梢的伸育。枝繁叶茂的树势良好，新梢伸育较强，而枝小叶弱，树势差其新梢的伸育能力弱。

2）外在因素：温度、雨水、土壤条件、人为影响（采摘、修剪）。

外因：温度与雨水。春季雨水充沛，温度适宜，生长良好，夏季雨水少，温度高，生长不良。高山上的新梢萌发较迟而平原较早；阳坡地茶园比阴坡地早。

土壤条件：砂土的茶园比黏土的早。砂土吸收养分、水分、热量较强；而黏土保水力强，但土壤通气性差，根系发育不良，吸收能力不强。

农业措施：采摘、修剪、施肥、土层的深浅等管理不同也影响新梢的伸育。

（3）新梢生育的轮次性

自然生长的茶树是加长生长即自然树型，经过采摘的茶树是轮性生长即经济树型。生产上应利用新梢生长的轮次性，充分利用新梢的再生力，发挥新梢生育周期的特性，增加全年新梢的发生轮次数，特别是增加实采轮次，获得增产稳产。

3. 茶树的开花结实

（1）茶树从花芽分化到开花需 100～110 天。开花适宜的温度为 18～20℃，相对湿度 60%～70%。若气温降到—2℃时，花蕾便停止开放，降到—4℃以下时，多数失去生命力。

（2）茶树开花的特点

1）花芽于 6 月上中旬开始分化，延续到 11 月，有的可延续到整个冬季，一般 10 月下旬到 11 月中下旬开花最多，为盛花期。

2）主枝上先开花，侧枝后开花，同一枝条上，中部先开花，上下部后开花，一般在白天开放，在上午 8：00—10：00 开花最多，如遇阴雨天，下午开花多。

3）花虽为两性花，但很少自花传粉，属异花授粉。

4）茶树有"花果相会"现象，是茶树的生物学特性之一。

（3）生产上根据茶树开花结实的规律，可采取相应的人为措施（如摘花除果），抑制生殖生长，以便有利于茶树的营养生长，提高茶叶产量。

4．茶树的休眠

（1）茶树的休眠有两种：一种是每两轮新梢生长之间的间歇期为自然休眠，一般持续几天或几周就能自然解除；另一种是由于外界温度和日照条件不能满足茶芽生长而形成的被迫休眠，即"冬眠"。其所需时间较长，一般持续一两个月甚至四五个月。

（2）生产上应利用冬眠时期茶芽生长停止，根系的生长处于缓慢状态，使光合作用的产物大部分储藏下来，准备越冬供第二年萌发生育的需要，因此秋冬季加强茶园管理特别重要。另一方面适时封园停采，在低温到来之前施足量基肥，有利于吸收利用，使枝条和根系生长充实，也助长冬芽的分化发育。

第二章　茶树生长的环境条件

影响茶树生长的环境条件包括气候条件、土壤条件和地形条件。

第一节　茶树生长的气候条件

茶树具有喜温、喜湿、喜阴的特性，对气候条件有特定的要求。影响茶树生长的气候条件有温度、光照、水分等。

一、温度

影响茶树生长的温度包括空气温度（气温）和土壤温度（地温）。地温主要影响根系的生长，气温主要影响地上部的生长。

1. 气温对茶树生长的影响

（1）茶树的三基点温度（见表2—1）。

表 2—1　　　　　　　　　茶树的三基点温度

	日平均温度/℃	年平均温度/℃	生长状况
最适宜温度	15~30	15~23	生长良好
最低温度	-17~-15		停止生长
最高温度	45		停止生长

茶树正常生长要求的日平均温度为15~30℃，年平均温度为15~23℃。日平均温度10℃左右越冬芽便开始萌发生长。日平均温度15~20℃时生长旺盛；日平均温度20~30℃时生长虽快，芽叶却易趋粗老。

茶树最高临界温度为45℃；但一般温度在35℃以上，且持续几天高温，茶树生长便受到抑制，叶片出现灼伤，特别是在高温干旱季节里，受害更为严重。通常新梢和嫩叶比老枝条更易受到伤害。茶树最低临界温度（生物学最低）为—17～—15℃。低温会对茶树造成冷害、冻害。

（2）春梢萌动温度（见表2—2）。

表2—2　　　　　　　　　春梢萌动温度

不同茶树	萌动日平均气温/℃
早芽种	≥6
中芽种	≥8
迟芽种	≥11

（3）茶树对积温的要求。茶树生长的最适宜积温为4 000～5 000℃。积温越高，采摘的批次越多，早春积温高，春梢的萌芽期、鲜叶开采期早。全年积温低于3 000℃的地区，必须提高茶树的抗寒能力，搞好防冻措施。

2. 地温对茶树生长的影响

（1）地温越低根系生长越缓慢。特别是春季地温对茶芽新梢生育影响大。当地温为8～10℃时，根系生长开始加强，25℃左右生长最适宜，35℃以上时根系停止生长。当地温为14～20℃时，茶树新梢生育最适宜；次适宜地温是21～28℃；低于13℃或高于28℃，生长较缓慢。

（2）改善温度因子与茶树生育的栽培措施。茶树的一切生长、生理活动都需要在一定的温度条件下进行，这是茶树高产优质最基本的生态因子。因此，必须根据不同生长季节的气候特点采取不同的栽培措施，以获得最有利的制茶原料。早春：为促使茶芽早发，采用耕作施肥和利用地表覆盖技术的措施，疏松土壤，加强地上与地下气流的交换及保温保暖，可有效地提高地温，促使根系生长；夏季：通过行间铺草或套种牧草等措施，可以降低地温；秋季：增施有机肥以及提高种植密度，均能明显地提高冬季茶园土壤温度。此外，茶园四周种植防护林也能有效地改善地温、气温和空气湿度状况。

二、光照

光照对茶树生长的影响，主要取决于光的强度与光的性质。茶树具有较耐阴的特性，正常生长的茶树不耐强光，需弱光。光的性质对茶树也有很大的影响，从叶绿素的吸收光谱分析：光波短的蓝紫光部分最多。而漫射光主要是波长较短的蓝紫光，故要使茶树生长良好，要求漫射光和紫外线多。俗话说的"高山云雾出好茶"就是这个科学道理。

1. 光照强度对茶树的影响

（1）光照强度主要影响光合作用的进程。

光照强度的范围是 1 000～5 000 lx。

茶树光合作用的饱和点 5 000 lx。

茶树的光补偿点在 1 000 lx 以下。

光饱和点因品种、生长季节、发育阶段和群体结构等不同而不同。

（2）光照强度对茶叶品质也有一定的影响。在低温高湿、光照强度较弱条件下生长的鲜叶，氨基酸含量较高，有利于制成香浓、味醇的绿茶；在高温强日照条件下生长的鲜叶，多酚类含量较高，有利于制成汤色浓而味强烈的红茶。适当遮光有利于增强成茶收敛性和提高鲜爽度。

2. 光照时间对茶树生长的影响

（1）光照时间的长短，对茶树发育影响较大。日照长的茶汤具有苦味感如暑茶。茶树生育对不同光质反应是不同的。地面接受的光辐射分为可见部分和不可见部分，可见光部分在真空中的波长在 $0.77~\mu m$ 到 $0.35~\mu m$，由红、橙、黄、绿、青、蓝、紫等七色光组成，是对茶树生育影响最大的光源，不可见光部分也对茶树生长有一定影响。在红、橙光的照射下，茶树能迅速生长发育。橙光对碳代谢、碳水化合物的形成具有积极的作用，是物质积累的基础。紫光比蓝光波长更短，不仅对氮代谢、蛋白质的形成意义重大，而且与一些含氮的品质成分如氨基酸、维生素和很多香气成分的形成有直接的关系。一般来说，红光、黄光易被茶树吸收利用。据分析，在漫射光中含有的红光、黄光比直射光多。

（2）增强茶树对光能利用的措施。做好园地和品种选择；合理密植、人工灌溉、茶园施肥、植树造林及种植遮阴树。

三、水分

1. 水分与茶树生育

（1）水分是茶树的重要组成部分，占茶树树体的55%～60%，芽叶含水量高达70%～80%。水分也是茶树生命活动的必要条件，营养物质的吸收、运输以及光合、呼吸作用的进行和细胞一系列的生化变化都必须有水的参与。影响茶树生长的水分条件包括降水量、空气湿度、土壤湿度。

（2）水分不足和水分过多，都会影响茶树的生育。水分不足，茶树叶片不易生长或延迟发芽，会降低发芽率，尽管有时也能发芽，但新梢短小，会很快形成"对夹叶"；如果严重干旱，则会引起茶树体内一系列破坏性的生理变化，甚至整个植株枯萎死亡。如果水分过多，土壤湿度过大，通气不良，氧气缺乏，就会阻碍根系的呼吸和养分吸收，致使根部腐烂坏死，地上部分叶片变黄色，出现枯枝落叶等症状，造成茶树湿害。

（3）一般适宜种茶的地区要求年降水量必须在1 000～3 000 mm。最适年降水量为1 500 mm左右，雨量要求分布均匀，且茶树生长季节期间的月降水量要求大于100 mm。

（4）适宜的土壤含水量能促进茶树生长，不足或过量都会使茶树生育受阻。以土壤相对含水量70%～80%为宜，水分降到50%或超过90%，都会对茶树生长造成限制或导致死亡。

2. 空气湿度与茶树生长发育

在茶树生育过程中对空气湿度也有一定要求。空气湿度通常以相对湿度来表示。在茶树生长活跃期间，要求空气相对湿度在80%～90%为宜，若小于50%，新梢生长受抑制，40%以下时，水分不足造成旱害、枯死；水分过多造成氧气不足生长缓慢；长期积水造成根系大量死亡，停止生长甚至整株死亡。

3. 茶园控水措施

（1）构建茶园排（蓄）水系统。

（2）遇茶园干旱时，在旱季到来之前，结合中耕进行茶园铺草覆盖，对于幼龄茶园，也可以进行间作或培土护蔸、种植遮阴树以及人工灌溉。

（3）遇茶园地下水过高或积水时，采取合理的排水或填土措施。

四、其他气候因子

1. 空气中的气体成分对茶树生长的影响

氮：随雷雨落到土壤中的氮会被茶树吸收。

氧：是茶树呼吸作用必不可少的元素。

二氧化碳：是茶树进行光合作用的重要原料。

2. 风、霜、雪等对茶树生育的影响

风、霜、雪等对茶树生长也会造成很大的影响。冬季不论高山或者平地，均有可能受到霜害，尤其伴随干旱湿度低时危害更为严重。所以必须加强防霜、防旱处理。

第二节　茶树生长的土壤条件

茶树生长对土壤条件有特定的要求：主要概括为"三喜、三怕"。即喜酸怕碱；喜湿怕涝；喜深、肥、松，怕浅、瘠、硬。

一、土壤质地

土壤是茶树生长的基础，是茶树扎根的地方，是供应水分、养分的场所。茶园土壤类型较多，主要由砖红壤、赤红壤、红壤、黄壤土类发育而成的，少数为黄棕壤、黄褐土、棕壤、紫色土以及高山草甸土和平原地带的潮土发育而成。

土壤质地一般以土壤团粒结构性能良好，具有持水性和通气性且质地疏松的红、黄壤土质为好，砂质土壤次之。因为砂性过强的土壤，保水、保肥能力弱，土壤水分储存量少，遇干旱或严寒时枝叶容易受害；质地过黏的土壤，虽然保水力强，但土壤通气性差，根系吸收水分和养分的能力不强，也生长不好。其次，要求土壤有机物质多，有效氮、磷、钾含量高，活性钙不超过0.2%。石灰性紫色土和石灰性冲击土不宜种茶。

为此，在茶树种植前，应根据茶树生育的基本要求，妥善选择茶园土壤；种植后，应根据高产优质茶园的土壤指标，采用各种农业技术措施，不断地改良土壤，以提高、保持和恢复土壤地力。

二、土壤酸碱度

茶树对土壤酸碱度很敏感，它只能生长在酸性土壤中。一般pH值4.0～6.5的土壤均可生长，其中以pH值4.5～5.5最为适宜。

1. 茶树喜酸的原因

（1）由茶树的遗传性决定。

（2）茶树菌根需要在酸性环境中才能生存并与茶树根系共生互利。

（3）茶树需要土壤提供大量的游离态铝，铝对大多数植物来说，并非重要元素，甚至会出现毒害作用，但对茶树却不一样，健壮的茶树含铝可以高达1%左右；酸性越强，铝离子越多。

（4）茶树是嫌钙植物，钙虽然是茶树生长的必要元素，但数量不能太多，一般含钙超过0.3%，就会影响生长；超过0.5%，茶树就会死亡。而酸性土壤含钙较少，能符合茶树生长的需要。

2. 土壤酸碱度测定

（1）用石蕊试纸比色测定。

（2）通过实地调查酸性指示植物判断。如一般长有映山红、铁芒萁、马尾松、油茶、杉木、杨梅等植物的土壤都是酸性的，可以种茶。

三、土壤厚度

茶树根系庞大，一般采摘茶树的主根长达1 m以上，侧根和须根在土层内向四周密集分布，吸肥吸水能力强。为了茶树根系能向深广发展，不但表土层要厚，而且全土层也要厚。茶树对土壤的要求，一般是土层厚达 1 m 以上，有机质含量为 1% ～ 2%，具有良好结构，通气性、透水性或蓄水性能好，地下水位在 1 m 以下的，均为茶树正常生长所需的土壤条件。

实践证明，选择种茶的园地，土壤深度一般不浅于 60 cm。这样有利于茶树根系分布深而广，同时施肥以后肥料的损失也较少，吸收效率高，根深叶茂，有利于增强茶树的抗逆性。所以，开垦茶园时，土壤必须全面深挖 50 cm 以上，定植茶树时还必须再深挖定植沟并下足基肥，使土壤保持疏松肥厚，能容蓄多量水分和养分，又兼有通气、透水的能力，这样才有利于茶树根系的伸展和对水分、养分的吸收。

第三章　茶树的繁殖

茶树的繁殖包括有性繁殖和无性繁殖。有性繁殖主要是用茶籽播种的实生苗，在生产上很少用，故不做展开。无性繁殖包括短穗扦插、压条繁殖和嫁接技术。

无性繁殖：利用茶树的营养器官，在一定的外界环境条件下，采用扦插、嫁接、压条、分株等繁殖方法而使茶树能成为独立生长的植株，称为营养繁殖又称为无性繁殖（因为不需要通过两性结合而形成新个体）。

无性繁殖的特点：保持优良品种的特性，还有其独特的优越性；插穗短，材料省；土地利用率高；取材方便，成活率高，繁殖快，易移栽成园。

第一节　茶树的扦插技术

一、短穗扦插

茶树扦插繁殖是茶树的无性繁殖方法之一。特点是培育的茶苗继承了母株的性状和特点。按扦插种类可归结为枝插、叶插和根插。

短穗扦插是枝插法的一种，是剪取茶树枝条上的一个节间，带 1 片成熟的叶片和一个饱满的腋芽作插穗，然后进行扦插培育成茶苗的快速育苗方法。特点是用材省且繁殖系数最高，能高度保护品种纯度，且操作简便易行，是世界产茶国普遍采用的繁殖方法。

1. 扦插发根的原理

茶树扦插发根是利用茶树的再生能力及极性现象，将母体的枝条扦插进繁殖苗木，当茶树插穗扦插入土后，在一定条件下，由于植物本身固有的极性现象，在枝条形态学上的末端会形成根，位于上端的则发育出新的枝叶，而且这一现象绝不会因为上下倒置而改变。根据植物生理学的研究，主要是由于植物激素（即生长素）的作用及其内在营养物质的定向移动所引起的植物生长素，是在枝条顶端芽形成之后沿着韧皮部的筛管由上而下的定向移动。故枝条从母株上剪下来做插穗之后，这种植物生长素的正常移动就被阻碍而累积于切口之处，使插穗末端形成根，这与一般的枝条刻伤之后长出不定芽与不定根的道理一样。

1）主要是与植物体内的生长素定向移动和积累有关。由于生长素会向下移动，而积累于下端切口处，下端生长素浓度增大，使细胞分裂有利于新根的形成。

2）取决于生长素与激动素的比值，比值大分化为根，比值小分化为芽。由于植物合成激动素的主要部位在于根尖，插穗入土后生长素积累于下端切口，根尖产生的激素向上运输被切断，所以下部比值增大，导致发根。

3）由于呼吸作用使含氮物质碳氮比率大，所以就易于发根。插条生根还与内部营养物质的供应有关。

2. 扦插发根过程及其现象

（1）愈合阶段：插入土壤中的切口处形成瘤状的愈合组织。

（2）发根阶段：愈合阶段以后长出新根。

3. 影响扦插发根的因素

（1）插穗本身的内因

1）茶树品种。不同品种其枝条再生能力也不同，主要由遗传性所决定，而发根差的品种常具有茎的分生组织分裂机能弱、淀粉含量低的特点。

2）插穗的阶段发育。阶段发育年幼的枝条，其组织细胞分生能力较强容易发根，所以生产上常采用徒长枝作为插穗，其发根良好。或选用对母株进行不同程度的修剪，降低其阶段发育，由此可获得发育较年幼的枝条作插穗。试验证明，一个生长期的枝条比两个生长期的枝条发展快，成活率高，故以一个生长期抽生的枝条，呈半木质化的红棕色或下红上黄绿的枝条为佳。

3) 插穗的老嫩。从茶树的树龄看，多年生的或隔几年生的都不如当年生的枝条发根好。而从当年生的枝条上看，以经历一个生长期的枝条最好，两个生长期的次之，三个生长期的较差。从同一个生长期的枝条上看，由于老嫩程度不同，发根程度也不同，而以半木质化红棕色的或下红上黄绿的尚未硬化的新梢发根能力较强，对于完全木质化的或半木质化较嫩的枝条发根能力最弱。

4) 插穗的状况（长短、粗细）。实践证明：插穗短的比插穗长的发根快，粗的比细的发根快。其原因如下：第一，短穗入土比长穗浅，土温较高，氧气较多，有利于发根。第二，穗粗，其内含生长素和营养物质较多，穗短的对叶片制造的有机养分的运输距离短。第三，水分蒸发相对比较少，因为叶片靠近地面可减少土壤水分的散失和蒸发，利于发根。但也并不是越短越好。如以 1～2 cm 的插穗扦插后发根虽快但很难管理易旱死，故以 2～3 cm 长的插穗较好，发根良好又易于管理。

5) 插穗留叶的多与少。插穗的发根主要是靠留在短穗上的叶片所制造的有机养料和内在的生长素多少来决定的，但也不是说留叶越多越好，从长期的生产实践证明，在一短穗上留一片全叶发根最好，如果插穗上不留叶或叶片早期脱落，容易造成插穗不成活。

6) 插穗的腋芽状况。插穗的腋芽包括营养芽与花芽两种，花芽在扦插前要摘除，以免与插穗争夺养料与水分，要选有腋芽且腋芽只有米粒大的较好，发根较快，苗期生长整齐。如芽已伸育出现真叶便不宜选用，因为新生芽叶幼嫩，水分散失快，脱离母体后水分运送较难，而水分得不到补充会影响成活率。

（2）外因：温度、湿度、光照、环境条件

1) 温度。温度的高低对插穗的呼吸作用、蒸腾作用、酶的活性和分生组织细胞的分裂能力都有很大的影响，如温度过低组织细胞不分裂，切口虽愈合但不易发根。实践证明：在平均地温20～22℃，位于 15 cm 深处，气温 25～30℃时，只需 1 个月时间即可愈合生根，从季节上看，夏插比春插发根快，秋插比春插发根快，并且还存在着地温比气温高先发根后发芽，若气温比地温高，先发芽后发根的现象。

总之，对插穗发根最适宜的温度为 20～25℃，温度过高水分蒸发快，对发根仍然不利。比如在夏插时，遮阴不当还会出现灼伤茶叶引起生理失调。

2）湿度。离开母体之后的插穗失去了根部吸水的能力，而插穗在生长发育过程中，仍会不断地消耗一定的水分，故对土壤温度和空气湿度的要求也是比较严格的，尤其在插穗发根之前，如土壤过分干燥，就会造成插穗干枯死亡。如土壤太湿，会造成氧气缺乏导致呼吸困难，严重的还会造成烂根或霉根。实践证明，土壤含水量以 60%～70% 为宜，不宜超过 70%，而相对的空气湿度却要求越大越好。因为湿度大会减少地面水分蒸发，保持土壤湿度，对发根有利。在生产实践中，常采用喷雾洒水和搭低棚遮阴来提高空气的相对湿度。

3）光照。在插穗发根之前只要求弱光，不需强光直射，如遇强光照射会导致在短时间内使插穗叶片大量失水而枯萎或脱落从而影响发根，故必须采取遮阴，但完全没有光照也不行，仍会使插穗趋于死亡。实践证明，遮阴度以透过 1/3 或 1/5 的光亮为宜，依不同季节插穗而不同，春插遮阴宜小，夏插宜大，并根据发根情况和生长时间的长短逐渐增加光量，以满足插穗生长所需的光量，利于光合作用的进行。

4）土壤。要求在 pH 值为 5.5～6.5 且土质疏松肥沃的酸性土壤中生长，最适宜的 pH 值为 4.0～5.5，pH 值过高或过低，以及排水不良或过分黏重的土壤都不宜选做苗地，特别是蚯蚓过多的园土更不宜作苗地，因为表土被翻动，对插穗发根十分不利。为了克服种种不利因素，在苗床上必须铺土层 2 寸左右厚的细润疏松的红壤心土，以减少土壤中有害微生物的侵害，抑制杂草生长，有利于发根。但铺土不宜过薄，以免使插穗入原园的土层而影响发根。

二、母穗园的选择及相应的农业措施

要获得理想的插穗，对于插穗母本园的选择是一个十分重要的环节，不可忽视。

1. 选择标准

叶子大产量高，鲜叶品质好，抗逆性强，无病虫害，生长健壮，育芽能力强的高产优质的茶树品种可作为插穗母株。

2. 采用方法

可采用原来采摘茶园进行加强插穗母株的培养管理（例如加强肥培管理或采用不同程度的修剪以及留梢打顶养壮）。

3. 具体措施

（1）对衰老茶树进行台割更新。对衰老茶树进行台割更新，并施运基肥，促进新梢茂盛生长，在剪穗扦插前 15～20 天进行打顶养壮，从离地面 20～25 cm 处剪取，这样不但可作母株台割更新后的第一次修剪，又无损于茶树而且可获得数量多、高质量的插穗。

（2）对壮年盛采茶树进行不同程度的修剪，对萌发的新梢进行留壮去弱，并进行打顶养壮。

（3）对尚未出圃的扦插苗，当苗高达 25～33 cm 时，在剪穗前 15～20 天进行打顶养壮，促进腋芽膨大，新梢形成半木质化的红棕色的枝条，剪穗时离地 20 cm 左右开剪，这样不但可获得大量的合格插穗"以苗育苗"，而且还可以代替移栽定植后的第一次修剪，一举两得。

总之，为了获得理想的插穗，不但要认真选择母树并对母树进行培育，而且还要注意防治病虫害，或专设母本园。

三、建立苗圃地

1. 地点的选择

（1）选地势平坦向阳的，pH 值为 4.5～6.5 的土质疏松肥沃的红壤地或黄壤地。

（2）选灌溉排水方便（水源充足，节省劳力）的地点。因为短穗扦插育苗的前期在于水、光，而后期在于保肥。

（3）选交通方便、便于管理以及比较避风的地点。

2. 深翻整畦

（1）全面深翻 20～30 cm，清除杂草、石地，并把土打碎耙平。

（2）作畦标准：宽不超过 100 cm，长不定，但不超过 10～15 m，高度按土质不同，黏质土不超过 20 cm，沙质土不超过 15 cm，实践证明，畦高了不适于插穗发根及引灌排水。

（3）畦与畦之间的沟宽 40 cm 左右（如图 3—1 所示），以便于灌水、人工行走以及管理。

（4）畦向。春夏插的以东西向为宜，秋冬插的以南北向为宜，以防强光照射。

图 3—1　沟宽

3. 施用基肥

对于选用的苗地土质较差的，应在离畦面 2～2.5 cm 深处匀施基肥，有助于插穗生长，一般每亩施超大有机肥 150 kg 左右。

4. 铺红壤心土

施用基肥后把畦面耙平，即可铺上一层约 6.7 cm 厚的疏松红心土。所谓的红心土是指提取浮土（表土）以下的一层。因表土有草籽及草根，结构性太差的也不能用。取回心土后应充分打碎并过筛孔为 8～10 mm 的筛子，每亩需 400～500 担新土，铺好后推平压实，最好在畦面四周筑成 2～3 cm 高的小土埂，以利灌水，并注意不得在雨天铺红心土，因雨天红心土易板结，不利扦插及苗穗发根，应强调在晴天进行。

5. 搭棚遮阴

搭棚遮阴是短穗扦插不可缺少的一项工作，其目的是避免强烈日光照射，并起到防风、防冻、保温等作用，有利于插穗成活生长，其具体做法如下：

（1）搭棚材料的选择。应掌握就地取材的原则，一般采用杂木、竹类作棚架，以黑纱网、芦苇和麦草等较不易落叶的植物作为遮阴的材料。

（2）遮阴方法。

方法一：用搭棚遮阴的方法。以 65～100 cm 高的平式棚架，采用黑纱网遮阴。注意不能过低，否则会造成通风透气不良，也不便于操作。过高则阳光直射机会多，水分蒸发太大。棚面应比畦面略大，以便保护畦边的插穗。

方法二：采用铁芒萁遮阴。其做法是选取离地 25～30 cm 高处有分枝的铁芒萁三根为一束直插行间，密度以 20%～30% 为宜（每亩需 5～8 担）以保证有适宜的透光率，插时畦中间应高些、稀些，畦两边应低一些、密一些。

目前一般都采用黑纱网遮阴，经实践证明该方法简便，效果最好。生产上若采用其他材料遮阴还应根据季节而定，如夏暑季节遮阴篷应比较严密，而春秋就可比较稀疏。

四、插穗的选择与剪取

1. 插穗的选择

应选取经一个生长期的、红棕色的、半木质化且生长健壮的、无病虫害的并具有饱满腋芽的枝梢为好。

2. 插穗的标准

要求一个节的短茎上带有一片成熟的叶片和一个饱满的腋芽，以 3～4 cm 长为宜（如图 3—2 所示）。

图 3—2　插穗的标准

不标准的插穗：如腋芽处的茎偏长、偏短或叶片破损等（如图 3—3 所示）。

图 3—3　不标准的插穗

a）茎偏长　b）茎偏短　c）叶片缺损、芽小、茎偏长

3. 插穗剪取方法

　　要求剪口必须光滑，剪口斜面与叶向相同，腋芽与叶片要完整无损，不可剪坏。节间太短的，可把两节剪成一个插穗，并剪去下端的叶片和腋芽（如图 3—4 所示）。

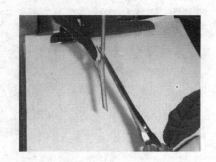

图 3—4　插穗剪取

剪穗时如果有花蕾着生应结合剪除并做到随剪随插，不得过夜，在剪穗过程及扦插过程中应经常喷水，保持湿润。

4. 插穗扦插前的处理

首先，扦插前应用多菌灵进行消毒灭菌，防止病害和插条腐烂。其次，也可采用植物生长激素处理插穗以促进生根。许多单位试验表明，使用吲哚乙酸（5×10^{-4}）、吲哚丁酸（1×10^{-3}）、增产灵（3×10^{-5}）等植物生长素，浸渍和涂蘸茶树插穗基部，均能促进生根和提高成活率。

五、扦插时期

茶树全年都可进行扦插繁殖。但由于各地的气候、土壤和品种特性不同，扦插效果有一定差异。

1. 春插

时间：华南茶区：2—3 月；江南茶区：3—4 月；江北茶区：4 月间。

插穗：上年的秋梢或春季修剪的枝条。

优点：苗圃利用周转快。若采用春梢的枝条进行扦插，成活率高、生长快，根系发达，幼苗生长健壮，成本较低。

缺点：若采用上年秋梢，成活率不高，矮苗和瘦苗的比率大。

原因：枝条中营养物质较少，地温低。

闽南地区大部分采用春梢进行扦插，经济效益高。

2. 夏插

时间：6月中旬至8月上旬。

插穗：当年春梢或夏梢。

优点：发根快，成活率高，幼苗生长健壮。

缺点：管理周期长，生产成本较高。

3. 秋插

时间：8月中旬至10月上旬。

插穗：当年夏梢或秋梢。

优点：成活率高，管理周期较夏插短。

缺点：成本较高。

4. 冬插

时间：10月中旬至12月。

插穗：当年秋梢。

对冬春季管理要求较高，在气温高的茶区，应用较多，气温低的茶区少有采用。

注：各茶区情况不同，有的采用秋冬插（高山区9—11月，低山区10—12月）。但一般以春插为最好，秋插次之。因为气候条件较适宜茶苗的生长，便于管理，成活率高。而夏插虽然发根快，但当年秋季或第二年春季如果达不到出圃要求就需跨年出圃，故管理时间长，又浪费一年的土地。对于冬季不受冻地区进行冬插可不必遮阴，节省劳力及费用，但成活率不如春夏秋三季扦插好。

六、扦插技术

1. 扦插前先用平板梢压实畦面，并用喷水壶喷洒畦面，待过1～2小时后，畦面土不黏手方可进行扦插。

2. 行距一般在8～10 cm，铁观音常用8～8.5 cm宽的木板划行。株距3～5 cm，但因叶片大小不同，应视叶片大小灵活掌握，只要做到叶片面积不互相重叠就行，一般亩插20万～25万株（如图3—5所示）。

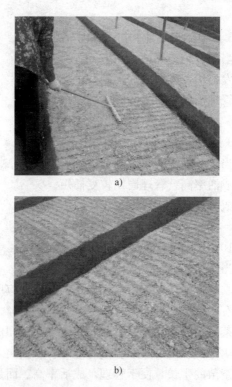

图 3—5 划行

a）正在划行 b）划好的茶行

3. 扦插宜在下午阳光转弱或上午 10：00 前进行，有条件的可利用灯光进行夜插最好，插时应注意将叶片方向顺风排列，以免被风吹动插穗并确实做到随剪随插边遮阴边浇水，剪好的插穗不得过夜。

4. 扦插时，用拇指和食指夹住插穗上端直插或略斜插入土中，扦插深度以露出叶柄为宜。切勿把腋芽插入土中，并注意叶背不得紧贴土面。插好后稍用手指把扦插旁的泥土压实，使插穗与泥土密接在一定范围内，春插宜浅，夏插宜深，插穗入土过分倾斜易被水冲洗露出土面，影响发根（如图 3—6 所示）。

图 3—6　扦插

5. 插完一批后立即洒水、遮阴，最好能做到边插边浇水边遮阴（如图 3—7 所示）。

图 3—7　洒水

七、扦插苗木的管理、取苗及包装运输

1. 扦插苗木的管理

"三分插、七分管，只插不管白徒劳"。其内容包括：浇水、遮阴、松土、除草、施肥、摘除花蕾和防治病虫害等。实践证明：扦插前期遮阴与浇水（即光和水）是保证插穗能不能成活的关键。扦插后期的关键是中耕除草和施肥与病虫害的防治（即肥保）。但也不可忽视水分等条件，以保证苗木壮苗和快速成苗，其做法如下：

（1）勤浇细遮，争取全苗。

插穗未发根之前，吸水能力很弱，而插穗期间由于不断的蒸腾作用，需要不断供应水分，这时期插穗能不能成活，争取全苗，便成为主要矛盾。实践证明勤浇水、细遮阴是解决这个矛盾的关键措施。必须做到以下几点：

第一，未发根前，每周用喷水壶浇水一次。也可用手粘一下泥土，若湿润可以不用浇，阴雨天也不用浇。用的水要清洁，不得用泥浆水及死池水。

第二，畦面保持湿润为宜，不得过干或过湿，影响发根。

第三，愈合生根后，每周用喷水壶浇水一次。最好能晚上掀帘，白天再盖，使其能慢慢适应环境。

第四，普遍成活后，便可引水浸灌，此项操作最好在傍晚进行，灌水深度控制在畦高的 1/2 为宜，不得淹没茶苗，浸灌 5～6 h 后及时排水，以免引起烂根。

第五，插穗既怕阳光，又怕无光，故初期不遮不行，稍有不慎，就会晒死。但遮阴过密也不行，中期应掌握在"见天不见日"（俗话称为"花日头"），以后逐渐增多光量。后期根据茶苗的生长情况掀帘炼苗，一般春、夏插的在 9—10 月旱热期过后选择阴雨天拆除，秋冬插的可于翌年 5—6 月雨季拆除，拆除遮阴物后，应注意保持土壤的湿度在 60％～80％，土壤若过于干燥要及时灌水。

（2）除草施肥，培育壮苗。

壮苗先壮根，根壮苗也壮，壮根的特点是："多、粗、深、匀"。促进壮根必须做到以下几点：

第一，及时拔草，有草就拔，做到及时拔小草以免杂草长大后因拔草土壤松动而损伤茶根。

第二，改良土壤通气条件，促进根系生长，做到适时松土，雨后松土。

第三，合理多次施肥，切实掌握"先稀后浓，先少后多，少量多次"的原则。因初生根系少，吸收能力弱，故施肥数量要少而稀，否则会造成浪费或引起反渗透作用，导致根系因生理失调而大量死亡。开始每半个月施一次，经过3～4个月后可改为一个月施一次，浓度可逐渐提高，每次施肥完毕要结合浇水洗刷叶片。

第四，克服"只浇肥，不浇水"的现象，后期可采用沟灌保湿的方法。

（3）治虫摘蕾，促进成苗。

无论扦插前期与后期，都必须注意病虫害的防治和摘花蕾促进茶苗的生长等人为抑制生殖生长的措施，即全程育苗及时摘花摘果，做到一见就摘除。

（4）坚持病虫害发生前"防重于治"和"治早、治小、治了"的原则。其有效措施包括：第一，选择健壮无病虫害的枝条作插穗。第二，在苗圃畦面上铺一层红壤心土，以减少病虫害的滋生。第三，在梅雨季节喷射波尔多液，防治病害。第四，茶苗密度大，枝叶幼嫩，易发生病虫害，特别是靠近生产茶园的苗圃，更易遭受病虫害。苗圃常发生的病虫害主要有茶蚜、小绿叶蝉、卷叶蛾类、茶饼病、炭疽病和茶尺蠖等。病虫害发生后，应及时进行人工摘杀或用化学药剂防治。如用600～800倍的杀虫脒喷杀红蜘蛛、茶小绿叶蝉、茶蚜虫等。也可用400倍的代森锰锌防治茶叶的病害。

2. 茶苗出圃

（1）茶苗出圃的最低标准。一年生苗的苗木高度为20～25 cm，茎直径不小于0.3 cm，根系发育正常，侧根数大于或等于2条，叶片完全成熟，主茎大部分木质化，无病虫为害（如图3—8所示）。

（2）苗木出圃

1）取苗时间：当年秋季或第二年春、秋季出圃（1～1.5年）。

2）取苗注意事项：第一，选择阴天取苗定植为宜，如晴天取苗土壤干燥，取苗前应先浇水，使土面不黏手时再取苗。第二，取苗时尽量多带土，尽量少伤根系。第三，出苗前2～3天，

25cm

图 3—8 茶苗出圃标准

进行一次喷药，以防病虫害。

（3）苗木包装与运输

1）对超过 20 cm 以上的茶苗应剪去过长的新梢及过长的茶根。

2）每 100 株捆成一束，然后用稻草扎根茎部，再把 5～10 束捆成一大捆。

3）途中需 2 天以上的，起运前茶苗的根茎应淋浸红泥浆水，但不可在茶苗上喷水，以免叶片发黄霉烂。

4）茶苗装运不得压得太紧，注意良好的通气，避免闷热脱叶，防止日晒风吹。

5）需邮寄的茶苗，用木板制成的箱子，需先在箱底铺一层苔藓或锯屑。

6）茶苗到达目的地后，应立即栽植，如茶苗不能在当天及时栽完，必须进行假植，其方法为：选避风背阳的地段，掘沟 25～30 cm 深，一侧的沟壁倾斜度要大，将茶苗斜放在沟中，然后用土填沟并踏实。覆土的深度以占全株的一半或盖至茶苗根茎部上面 4～5 cm 处为度。茶苗排放的密度，根据苗木的数量、苗体大小及假植的时间而定，一般 5～6 株茶苗为一小束即可。不得排放太挤或过密重叠，压实土壤，充分浇水，直至移栽完毕，并注意浇水保苗工作。

第二节　其他无性性繁殖方式

一、压条繁殖

压条繁殖是使连在母株上的枝条形成不定根，然后再切离母株成为一个新生个体的繁殖方法。其基本方法是把母株枝条的一段刻伤埋入土中，待生根后再切离母株，使之成为独立的新植株。压条时间在温暖地区一年四季均可进行，北方多在春季进行。压条繁殖一般分为普通压条法，堆土压条法和高枝压条法三种。

1. 压条发根的因素

压条时，为了中断来自叶和枝条上端的有机物如糖、生长素和其他物质向下输导，使这些物质积聚在处理的上部供生根时利用，可进行环状剥皮。

2. 选好茶园

土壤要肥沃、深厚、结构良好，地势平缓，阳光充足。

3. 母树的选择与培育

母树要先进行台刈养枝，加强肥培管理。

4. 压条的时间

压条时期原则是选择地上部（新梢生长）相对休止期进行较适宜，在福建省范围内一年四季都可以进行，但以 9—11 月和 2—4 月进行较为适宜，成活率可高达 100%，因干旱及严寒的冬季生根较困难，成活率不高。

5. 压条的方法

可采用弧形压条、堆土压条等，一般均利用当年生的（枝条）新梢为压条材料。

（1）弧形压条：弧形压条是把母树上的枝条呈弓形牵引到地面并埋入土中，故又称弓形压条。

（2）堆土压条：选择上年春茶后台刈的母树，将枝条向四周分开，将黄泥土堆入茶丛中间，压实成 30～40 cm 高的馒头形，使枝条下段都被泥土包埋，仅露出顶端 5～10 cm 的枝梢。

6. 压条后的管理

压条繁殖应抓好以下几个环节：

（1）选择较适宜茶树生长的红黄土壤茶园。

（2）选用当年抽生的或隔年新梢呈半木质化或木质化不久的新梢为压条对象枝。

（3）压条时要把每个新梢茎部的几片老叶采除，并扭伤枝条入土部分，压入离地面 2 寸深的土壤中，扭曲角度在 90° 以内，以便苗梢直立土面（切后横卧）然后覆土压实，以防压枝弹起。

（4）注意雨季排水，旱季浇水遮阴，抗旱保苗。

二、嫁接技术

嫁接是将植物营养器官的一部分，移接于其他植物体上。用于嫁接的枝条称接穗，所用的芽称接芽，被嫁接的植株称砧木，接活后的苗称为嫁接苗。嫁接繁殖是繁殖无性系优良品种的方法。

1. 适宜时间

每年 3—5 月（即春茶采制前后）。

2. 嫁接工具

锄头、弹簧剪、劈刀、锤子等。

3. 嫁接步骤（如图 3—9 所示）：

（1）剪取接穗。接穗应选择半木质化枝条的中下段，一枝接穗要有一个饱满腋芽和一片健壮叶片。

（2）锯砧木。砧木要求选择生长健壮、无病虫害的枝条。

（3）削接穗。接穗削成斜形，长约 34 cm。

（4）劈砧木。低位剪砧，将茶丛的枝条离地 2～3 cm 处剪去上部所有枝条，每根枝条用利刀纵切一刀，除砧木粗大切接，一般为劈接，切缝应略长于接穗斜面长度。

（5）插接穗。接穗削好后，将其插入已切开的破砧木中，插入时必须使接穗靠在砧木的切口的一边，两边的形成层吻合对齐。

（6）埋土。在嫁接前将砧木地浇水，然后中耕，再在离地寸许处，用"T"字形芽接法嫁接，接后用疏松湿土埋接芽，要压实，土厚 6 cm 左右，约高出接口 1.5 cm，上层再撒些细土。

（7）遮阴。为保证嫁接苗成活，对嫁接苗应搞好保温、保湿、遮阴、防病等管理。遮阴只可遮挡直射强光，尽力让嫁接苗多见散射光，只要不发生萎蔫现象，遮阴时间越短越好。

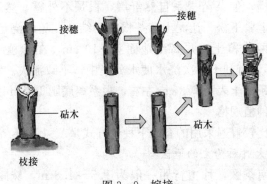

图 3—9　嫁接

左：枝接　右："T"字形芽接

第三节　茶树的种植

一、扦插茶苗移栽

采用无性系良种茶苗建园时，为了提高茶苗移栽的成活率，必须选择合适的移栽时期和正确的移栽技术。

1. 移栽时期

要选择茶苗的地上部处于休眠期时移栽，以利于茶苗成活。根据我国茶区的气候与生产情况，移栽可在秋末冬初或早春进行。但是冬季有干旱或冰冻严重的地区，以春初移栽为宜。在长江中下游地区，秋季或早春一般都可移栽，而在秋旱和春旱都比较严重的地区如云南，通常以雨水充沛的芒种至小暑（6月初至7月中旬）移栽为宜。

2. 移栽方法

茶苗移栽前，先要在待种植的茶园内开好沟，施下基肥并覆盖7～10 cm厚的表土，避免根系与肥料直接接触，以免产生肥害或伤根。然后选择无风的阴天起苗定植。栽植时，应一手扶直茶苗，一手将土填入沟中，覆土将须根覆盖好，再用手将茶苗轻轻向上一提，使茶苗根系自然舒展，根颈不外露，然后覆土踩紧，防止上紧下松，让泥土与茶根密切结合。随即浇足定根水，再在茶株两边覆土，并高出地面7～10 cm，在种植线上形成"凹"字形，有利于再次浇水使水分集中，不致流失。种植茶苗应注意根颈离土表距离3 cm左右，根系离底肥10 cm以上。

二、种植规格

当前比较普遍采用的有以下种植方式。

1. 以大叶种为主的地区

如华南茶区，种植行距一般为1.5～1.8 m，株距为40～50 cm，每亩种植1 000株左右。

2. 以中、小叶种为主的地区

如江南茶区、江北茶区和西南茶区，种植方式主要有单条栽和双条栽两种。

（1）单行条栽（如图3—10所示）。一般的种植行距为1.3～5 m，丛距为25～33 cm，每丛种植2～3株，每亩用苗2 500～4 000株。在气温较低或海拔较高的茶区，行距可缩小到1.2～1.3 m，丛距缩小到20 cm左右。

（2）双行条栽（如图3—11所示）。是在单条栽的基础上发展起来的种植方式，每条以30 cm的小行距相邻种植，大行距为1.5 m，丛距20～33 cm，每丛种植2～3株，每亩用苗4 000～6 000株。与单条栽相比，双条栽成园早和投产较快，同时保持了日后生产管理的便利性，目前已成为中、小叶种地区主要的种植方式。

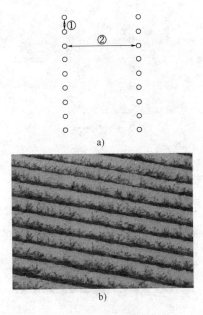

图 3—10 单行条栽

a) 单行栽示意图 b) 单行条栽茶园

①丛距 ②行距

除了上述种植方式外，20 世纪 70 年代以来，全国不少地区还开展了多条（3～6 条）栽的种植方式，其最大的优点在于成园早，可提前投产和收益。但是，它的局限性也非常突出：施肥要求充足，管理不便，容易出现早衰。因此，目前我国发展新茶园，已较少采用多条栽的种植方式。

三、初期管理

近两年来发展的茶园中一个较为普遍的问题，就是有不同程度的缺苑和"老树"，严重影响了茶园今后的产量与品质。造成这种状况的原因，有些是茶树的苗期抗逆性差，受自然因子影响而缺苗；有的是"重扩种轻培管"，因而常常造成缺苑断行和"小老树"。实践经验证明，茶树如果在一二年生的时间不能全苗，成园后就很难补齐，这是应该引起重视的经验教训。在茶树

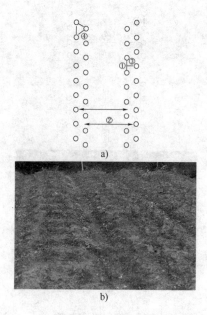

图 3—11 双行条栽

a）双行条栽示意图 b）双行条栽茶园
①④丛距 ②大行距 ③小行距

一二年生的这段时间内，必须千方百计地达到全苗壮苗，才能为以后的茶叶高产优质奠定基础。其主要措施有：

1. 抗旱护苗

一二年生的茶苗，既怕干又怕晒，要促进其加速生长，必须抓住除草助苗、浅锄保水、适时追肥、遮阴、灌溉等工作。值得注意的是：幼年茶树根系的杂草必须用手拔除，追肥须在根系10 cm 以外进行。

2. 查苗补苗

保证单位面积内有一定的基本苗数，是正确处理个体与群体关系的一个方面，也是争取丰产的基本因素。移栽茶园及时查苗补苗，是达到全苗、壮苗的一个有效措施。补缺用苗，最好是同一品种的同龄茶苗，用"备用苗"补缺。补缺方法和补后的管理与移栽茶苗一样。

3. 勤除杂草、防寒防冻

为促进茶苗生长，要勤除杂草，以"除早，除小，除了"为原则，春、夏、秋是除草关键时期。茶树根系杂草要用手拔除以免损伤根系。加强茶园肥培管理，增强树体对低温的抵抗力，是茶树防冻的有效方法。但是，寒冷地的追肥要掌握前促后控，最后一次应在8月底之前施下，过迟则茶树会"恋秋"，抗寒性反而削弱。

4. 合理施肥

幼龄茶树对磷钾要求较多，可促进根系、枝叶的生长，增强抵抗能力。一般采用开沟施肥的方法最为理想，施肥后要及时盖土，以免肥料流失。幼龄茶树根系分布浅，应浅施为好，或追施化肥采用湿施。基肥开沟施肥，其沟深为 20～30 cm，追肥开沟施肥，其沟深为 6～8 cm，在离根颈 15～30 cm 处施。

5. 培土垄行

将茶树四周或两边的泥土，向茶树根颈部培高 5～10 cm。注意培土时间不宜超过 11 月份，过迟天气转冷，作用不大。坡地茶园在茶树下方应多培土，以免根部外露，寒风侵袭。至翌年春季应及时将土扒开。

6. 覆盖防霜

可用稻草、杂草、塑料薄膜等覆盖茶树蓬面，覆盖时既要注意使覆盖物不会被大风吹走，又要防止过厚造成枝叶捂干，以盖而不严为准。开春后务必适时掀开覆盖物。

第四章 茶园管理

第一节 茶园耕锄

茶园耕锄要求适时保蓄水分、去除杂草、减少板结、增加土壤的通透性，不能伤害根系。耕锄次数的多少要根据杂草发生的多少、降雨情况以及土壤的板结程度来确定。一般幼龄茶树耕锄的次数多。

茶园耕锄的类型：茶园中耕浅锄；茶园深耕；茶园深翻改土。

一、茶园中耕浅锄，并结合施肥

1. 春茶前中耕：疏松土壤，去除早春杂草，耕作后表土易干燥而使土温上升，可促进春茶提早萌发。中耕时间一般在2—4月，中耕的深度为 $10\sim15$ cm，不能太深以免损伤根系。同时要平整行间地面，清理排水沟。俗话称为"春山挖破皮"。

2. 春茶后浅锄：除去杂草，切断毛细管，保蓄水分，不能太深。时间宜春茶结束后立即进行。浅锄的深度约 10 cm。

3. 夏茶后浅锄：夏季杂草生长旺盛，温度高，土壤水分蒸发量大。为了切断毛细管，减少水分蒸发，消灭杂草，时间宜在夏茶结束后立即进行，一般在 7 月中旬前后。深度 $7\sim8$ cm。

二、茶园深耕

当茶园秋茶采摘结束后，要进行一次较深的耕作。天气炎热，杂草肥嫩，深耕将杂草埋入土中，很快就腐烂，有利于改善土壤的结构和营养，底土翻到上面以后，在高温下经过晒垡，土壤易于风化，此时根系更新的能力最强，伤口愈后发根所需时间最短。深耕时间一般在 8—11 月进行，深度 13～25 cm。生产上应结合下基肥，提高土壤肥力，促进根系发展。

三、深翻改土

深翻改土也是深耕的一种形式。一般是在茶树种植之前，对耕地进行全园深翻天改土 40～50 cm，并施入大量的农家肥、磷肥。种植后的茶树根系发育良好，生长较快。

第二节　茶园土壤的水分管理

茶园土壤中的各种营养物质必须溶解于水中，才能被茶树的根系所吸收。

一、茶树对土壤水分的要求

水分在土壤中存在的形态及其运动状况。

1. 固态

冬季结冻在土壤中存在。

2. 液态

在土壤中大量存在。

（1）吸湿水与膜状水。吸湿水是指土粒吸收空气中的气态水分子而形成的，不能自由移动，无法被根系吸收。膜状水是指土壤中的吸湿水达到最大量时再接触液态水，便在土粒外附着一层水膜。膜状水只有根毛接触后才能吸收。

（2）毛管水：是能自由移动的最宝贵的水分，所以膜状水未消耗茶树会因缺水而萎凋。

（3）重力水：下渗，流失不能被茶树吸收。

3. 气态

存在于土壤的孔隙中。

二、茶树生长适宜的土壤湿度

当茶园土壤含水率为田间持水量的80％时，茶树生育正常，土壤含水率为90％时，芽叶生育旺盛，新梢生育快，茶芽节间长，增产幅度大。

三、茶园土壤水散失的途径

1. 地面径流：暴雨形成。

2. 地下水移动：渗透性流失。

3. 地面蒸发耗水：地面蒸发（以气体形式）。

4. 茶树的蒸腾耗水：茶树气孔向外散失的水分。

四、茶园的保水措施（两种途径）

1. 提高土壤蓄水能力

（1）深耕改土。深耕改土的作用主要表现在改良土壤结构，加厚耕作层，改善土壤的通透性，增强保水保肥性能，促进有机质分解，提高土壤肥力等方面。

（2）做好茶园蓄水工程。大口井集水或选择有利的河势拦河引水，利用有效的汇水条件，为农业灌溉用水提供保障。

2. 减少土壤水分散失

（1）铺草。茶园铺草是一项抗旱的有效措施。盛夏高温干旱季节，茶园内植株行间铺草，可保持水土、减少水分蒸发、增加土壤养分，并能抑制杂草生长。

（2）合理密植。合理密植是指在单位面积上，栽种作物或树木时密度要适当，行株距要合理，减少茶园地面裸露面积。

（3）耕锄保水。适当耕锄可以防止大雨时茶园表面形成径流，有利保水。长期干旱天气不能耕锄，防止水分蒸发。

（4）造林保水。造林是保水保土最有效的而且最经济的办法。造林后"万山留有甘泉，森林就是水库"。植被可防止水土流失，还可保护茶园，减免灾害。

五、茶园灌溉

1. 灌溉的作用

茶园要做到适时灌溉，在未出现严重缺水时就应进行。其作用一是增产，二是提高茶叶品质。

2. 灌溉的方式

常见的灌溉方式有：浇灌、流灌、喷灌、滴灌，以滴灌效果最好，但成本高。

第三节　茶园施肥

掌握茶树需肥规律、灵活运用茶园施肥原则，采用科学的施肥方法，达到高产优质的栽培效果。

一、施肥原则

1. 重施有机肥，有机肥与无机肥相结合

茶园施用的有机肥主要有：厩肥、饼肥、人粪尿、腐殖酸类肥和绿肥等。无机肥料又称化学肥料，按其所含养分分为氮素肥料、磷素肥料、钾素肥料、复合肥和微量元素肥料等。有机肥营养全面、有机质丰富、肥效缓慢而持久；能促进土壤结构的改良；可增强土壤微生物活动；加速转化无机矿物盐类，易于吸收。但有机肥不能满足茶树生长发育过程中需肥量大、吸收快的要求。

2. 氮肥为主，氮肥与磷、钾肥和其他元素肥料相结合

合理配施"氮、磷、钾"三要素，促进茶树生育良好，提高单位面积产量。氮肥对茶叶增产效果最好，施用氮肥的经济效益往往也十分显著。但长期大量施用氮肥后，容易使土壤理化性质变坏，土壤中各种营养元素之间的平衡将会失调，甚至出现不同的缺素症，而使茶叶的产量和品质受到影响。而施磷、钾肥的量太多，则可能导致茶树生长旺盛而影响茶叶的产量和品质。

3. 重视基肥，基肥与追肥相结合

无论是幼龄茶园、成龄茶园或衰老茶园，都应重视基肥的施用。而且由于茶树在年生育过程中，其生长和吸肥、需肥都具有明显的阶段性，只施基肥而不进行追肥就难以满足茶树生育对养分的需要。所以，必须针对茶树生长的不同时期对养分需要的实际情况，在施足基肥的基础上，及时地进行分期追肥。一般将相当于施肥量的 1/3 的肥料作秋冬基肥施用，其余的肥料用作追肥

施用。

4. 根部施肥为主，根部施肥与叶面施肥相结合

茶树具有庞大的根系，对养分吸收能力较强，茶树施肥应以根部施肥为主。

在土壤干旱、湿害和根病等情况下，叶面施肥显得十分必要。另外，还有些微量元素须在根部施肥的基础上配合叶面施用才可获良好效果。但叶面施肥不能代替根部施肥，要以根部施肥为主，适时辅以叶面施肥，相互配合以发挥各自的功效。

5. 因地制宜、灵活掌握

（1）根据茶树品种的特点、生长情况、茶园类型、生态条件还可采用其他农艺措施。

（2）幼龄茶园应适当提高磷、钾肥用量比例，以促进茶树的根茎生长，培养庞大的根系和粗壮的骨干枝。生产绿茶的茶园，可适当提高氮肥的比例，而生产红茶的茶园则应提高磷肥的比例。

二、施肥方法

1. 茶园基肥方法与位置

每年应利用茶树地上部停止生长之后的期间进行下基肥，以保证入冬时根系活动所需要的营养物质，同时，也为翌年茶芽萌发提供养分。

（1）施用时期

主要根据茶树地上部停止生长的时间，一般在地上部停止生长后立即施用，宜早不宜迟。基肥应在 10 月上、中旬施下。南部茶区因茶季长，基肥施用时间可适当推迟。

（2）施肥方法

一般成龄的条栽茶园要开沟条施；三株为一丛的要采取环形施或弧形施；未形成蓬面的幼龄茶树要按丛进行穴施。

（3）施肥位置

1）1～2 年生茶树：离根颈 10～15 cm 处开宽约 15 cm 、深15～20 cm 平行于茶行的施肥沟施入。

2）3～4 年生茶树：在距根颈 20～25 cm 处开宽约 15 cm、深 20～25 cm 平行于茶行的施肥沟施入。

3）成龄采收茶园：一般以茶丛蓬面边缘垂直向下为原则开沟深施，沟深 20～30 cm。

4）平地茶园：可以在茶树的一边或两边施肥；坡地或窄幅梯级茶园，可以在茶树的茶行或茶丛的上坡位置和梯级内侧方位施肥，以减少肥料的流失。

5）基肥以有机肥为主，适当配施磷、钾肥或低氮的三元复合肥；最好混合施用厩肥、饼肥和复合肥。

2. 茶园追肥

在茶树地上部处于生长时期所施的速效性肥料。可以不断补充茶树生长发育过程中对营养元素的需要，以进一步促进茶树生长，达到持续高产稳产目的。

（1）施肥时期

1）第一次追肥（催芽肥）：在每年茶树地上部分恢复生长后。施用时期以越冬芽鳞片初展期最好，一般在开采前 15～20天为宜。

2）第二次追肥（猛发肥）：在春茶采摘结束后立即进行，以补充春茶的大量消耗和确保夏、秋茶的正常生育，持续优质高产。长江中、下游茶区，一般在 5 月下旬前追施。

3）第三次追肥：在夏茶采摘后立即进行。时间为 6 月下旬或 7 月上旬。

4）第四次追肥：宜在 8 月以前施肥，若有深翻的可在秋茶采收后立即进行，不能施得过迟，严防霜冻及早春寒，以利于越冬芽的萌发。对于气温高、雨水充沛、生长期长、萌芽轮次多的茶区和高产茶园，需进行第四次甚至更多次的追肥。

5）每轮新梢生长间隙期间都是追肥的适宜时间，在茶叶开采前 15～30 天开沟施入。

（2）施肥方法及位置

1）幼龄茶树：施肥穴与根颈处的距离：1～2 年生茶树为

10~15 cm，3~4 年生茶树为 15~20 cm。

2）成龄茶树：沿树冠垂直开沟，开沟深度依据肥料性质而异。移动性小或挥发性强的肥料，如碳酸氢铵、氨水和复合肥等应深施，沟深 10 cm 左右。易流失而不易挥发的肥料，如硝酸铵、硫酸铵和尿素等可浅施，沟深 3~5 cm，施后及时盖土。

3）施肥用量：追施化学氮肥每亩每次施用量（纯氮计）不超过 15 kg，年最高总用量不超过 60 kg，施肥后要及时盖土。

3. 叶面施肥

采用直接喷洒于叶的表面，是根部施肥的一项辅助性措施。可排除土壤对肥料的固定和转化；见效快，一发现缺肥症，喷施后迅速见效；并能与除虫剂、生长素配合施用，方法简便。

（1）施肥位置。以喷洒叶片背面为主。因为茶树叶片正面蜡质层较厚，而背面蜡质层薄，气孔多，一般背面吸收能力比正面高 4~5 倍。

（2）喷施时期。晴天宜在傍晚，阴天可全天喷施。在茶叶采摘前 10 天应停止使用。

（3）喷施方法。微量元素及植物生长调节剂：每季喷 1~2 次。芽初展时喷较好；大量元素：每 7~10 天喷 1 次。

4. 茶园绿肥

通过种植绿肥，改良土壤，提高土壤肥力，促进茶树生长，为茶叶高产、稳产、优质创造条件。保持水土、平衡生态环境，茶牧结合，提高经济效益。

（1）茶园间可以套种豆科植物，如长豆、毛豆，提高土壤含氮水平。

（2）绿肥种植可利用梯沿、梯壁进行种植，既提供有机肥源又能起到绿化、减少土壤冲刷的作用。

（3）种植可兼作饲料的绿肥，发展畜牧业，增加有机肥来源。

（4）种植可作粮食的绿肥，实现长短结合，提高经济效益。

（5）绿肥采用开沟翻埋，可以提高土壤有机质含量，改良土壤的理化性状。

茶园绿肥的品种选择一般要求耐瘠、耐酸、耐旱、茎叶产量较高。可以种植在梯沿、梯壁、茶行间，若种在茶行间要注意种植间隙，不能妨碍茶树的生长。种植时间可根据不同绿肥品种进行适时种植。

第四节 茶树修剪

一、茶树修剪的原理

1. 破坏主干的顶端优势，抑制主干的生长，促进侧芽的抽生，尽快地构成良好的树冠，扩大有效的采摘面，有利于机采。

2. 破坏地上部分与地下部分生长的平衡关系，促进分枝达到复壮树势，增加采收轮次，提高茶叶产量。

3. 降低茶树枝茎的阶段性，改变根冠比，促进抽生出大量的粗壮枝条，相应的稳定产量和提高茶叶品质。

4. 调节茶树生长的光照条件，促进茶树的光合作用，有利于提高产量。

5. 剪除大量的病虫枝，减少病虫的危害。

二、幼龄茶树修剪

1. 幼龄茶树修剪的原理作用

由于幼龄茶树属自然树型，顶端优势强，幼龄优势可促进侧芽的萌发，使茶树过渡到经济型，随着分枝数量增加，生长速度也加快，为形成良好的树冠骨架奠定基础。

2. 幼龄茶树修剪的适宜时期

幼龄茶树修剪原则上应选择茶树生长休眠期，即在冬眠期或新梢生长间歇期间进行修剪。幼龄茶树一年定剪一次，最宜安排在早春2月左右，如肥水管理好，幼树生长好的，根据不同地区可选择2月或6月左右进行。

早春可避开寒冷袭击，此时根系积累了丰富的营养物质，而且气温回升，雨水增多，有利于修剪后恢复生长。

3. 修剪方法

对于幼龄茶树的修剪应采取定型，定型修剪可分为：水平修剪、分段剪、弯枝修剪、剪心修剪等。

（1）水平剪：指把茶树冠上剪掉一层枝叶，使之成为开面状或弧状（一刀切）。利于机械采收。

（2）分段剪：指每次修剪只剪去合格枝条，不够标准的待下次修剪。合格枝条指茎粗 0.4 cm 以上，展叶数达 7 叶以上，上绿下红的半木质枝条化枝条。分段剪比平剪更能充分利用生长量，及时促进分枝，培养好枝系结构。缺点是不利于开采。

（3）弯枝修剪：把直立主干分支的枝条向行间两边固定成干卧状，再用木钩勾住，使枝条弯曲，均分布于行间。弯枝均优于定剪，但费工时较多。

（4）剪心修剪：指重剪主干分支，轻剪或留养侧枝的修剪法。

4. 修剪技术

幼龄茶树定期修剪的次数和高度，因茶树品种、当地气候、土肥水条件而不同（如图 4—1 所示）。

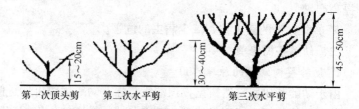

第一次顶头剪　　第二次水平剪　　　第三次水平剪

第四次弧形剪

图 4—1　幼龄茶树修剪

具体如下：

第一次定剪：移栽后，当苗高 30 cm 以上，并有 2～3 个分枝时，便可进行定剪。其定剪高度，灌木以离地 15～20 cm 处开剪，小乔木型于 25～35 cm 处开剪。采取分段剪时，对分枝部位低或乔木型分枝部位高的幼嫩新梢留待下次剪或打顶采摘结合。

第二次定剪：宜在第一次定剪的高度上再提高 15～20 cm 处开剪。

第一、二次修剪的主要目的是促进侧枝向外生长扩展，形成树型。使一、二级骨干枝合理分布。所以小乔木应离地面较高，即修剪的高度应提高。

第三次定剪：宜在第二次定剪的高度上再提高 10 cm 左右开剪（采用水平剪）利于开采。

第四、五次定剪：依照不同品种的定型高度，逐次在上一次剪口的基础上再提高 5～10 cm。一般定型高度，灌木品种在 80 cm 左右，小乔木品种在 100 cm 左右为宜。

5. 幼龄茶树修剪的注意事项

（1）修剪时应避开干旱或严寒的冬季，防止遭受灾害的影响。

（2）病虫害重叠发生的季节，不宜进行修剪。

（3）修剪前后应加强肥培管理以及病虫害防治。

（4）萌芽早的品种，春剪应适当提早，反之则推迟，寒冷茶区则相反。

三、青、壮、衰茶树的修剪

修剪时应根据茶树的生长期、气候条件和茶树品种采用相应修剪方法。

1. 修剪方法

（1）轻修剪（如图 4—2 所示）。轻修剪的对象：青壮年茶树的"鸡爪枝"冠面凸出枝梢，受冻枝梢，病虫枝及纤弱枝。

轻修剪的深度，是在上次剪口的基础上提高 2～5 cm。对采面参差不齐，凸出枝梢的可修剪；对施肥管理水平高和绿叶层薄的则一般只剪去其蓬面因冻害、旱害影响的枯黄叶片和参差不齐的凸出枝即可，如剪得过深，反而影响产量。

a)   b)

c)

图 4—2　轻修剪

a) 轻修剪深度　b) 轻修剪　c) 机剪

（2）深修剪（如图 4—3 所示）。深修剪的对象是青壮年茶树。深修剪的深度，一般剪去 10～15 cm（种植在南部茶区的半乔木茶树，修剪深度灌木型树梢稍深些）。

（3）重修剪（如图 4—4 所示）。重修剪又称半重台刈，其目的是更新复壮，促进"返老还童"复壮树势。重修剪的对象是半衰老或未衰老茶树。

重修剪的深度是剪去原树高的 2/3 或 3/5，也可更重些，离地约 25 cm 剪口力求平滑稍斜，切忌破裂。

（4）台刈（如图 4—5 所示）。台刈的对象是十分衰老，出现

图 4—3　深修剪

a）深修剪深度　b）深修剪后

图 4—4　重修剪

a）重修剪离地高度　b）重修剪后

苔藓的茶树。台刈的深度，灌木型一般离地面 5～10 cm 为宜，乔木型可离地 10～15 cm。

2. 茶树修剪应掌握的原则

（1）茶树修剪一定要在茶树生长休眠期内进行，因为此时期

图 4—5 台刈深度（灌木）

根部储藏的养分最丰富。

（2）应选择温暖多雨的季节进行，不可在干旱或严寒的冬季进行，以避免修剪后茶树遭受灾害的影响。

（3）修剪前后应加强肥培管理。

（4）对重修、台刈后的茶树，一定要进行合理的采养，重新培养新梢，对稳产的树冠，不得强采、硬收，而对轻剪、深剪的茶树一定要进行合理的留叶采摘，以尽快复壮树势。

第五章 茶叶采摘

第一节 合理采摘

一、合理采摘的目的和原则

1. 合理采摘的目的

既能提高当前的产量和质量，又能不断提高今后的产量和质量。

2. 采摘的基本原则

采养结合，质量兼顾。不同品类、不同级别的名优茶，其采摘技术、标准不同。

3. 合理采摘的科学依据

（1）能不断地促进新梢的萌发生长，维持茶树旺盛的生理机能，增多新梢的生长轮次。

（2）能不断地取得高产优质的效果，如采下的芽叶能适应所制茶类加工原料的基本要求，并能兼顾同一茶类不同等级对原料的要求，缓和茶叶产量和质量的矛盾，缓和短期利益和长期利益的矛盾。

（3）能借以调节当地采摘茶叶劳力的安排，提高劳动效率。

4. 采摘的综合作用

俗话说，"春茶不采，夏茶难发""顶端不除，侧枝难发"。

采与发的关系：采摘能起到促进新梢萌发的作用，主要去掉顶端优势，促进了侧芽的萌发。

采与留的关系：叶片是制造有机物质的"工厂"，如采摘过度，留叶过少，会削弱光合作用造成未老先衰。

采与管的关系：肥水管理更为重要，根系发达树冠繁茂，是保证合理采摘的前提。

二、合理采摘的主要技术环节

合理采摘的要求：留叶采、标准采、适时采。

1. 留叶采

留叶时期：一年四季采摘期。

留叶数量：一般春留一二叶，夏、暑留一叶，秋留鱼叶。

留叶方法：根据不同茶树树龄、树势情况而定。如幼龄茶树、衰老茶树可采取集中留或分批留。

2. 标准采

不同茶类的采摘标准：特种名茶的细嫩采、红绿茶的适中采、乌龙茶成熟采、黑茶等边销茶的粗老采。严格按标准采大养小，分批轮次采，绝不能不分芽叶的大小、长短"一遍光"。并要注意几个"不采""不带"，即不采雨水叶、露水叶、紫芽叶、病虫叶、冻伤叶，不带鱼叶、鳞片、老叶、茶籽。

（1）细嫩采的标准：一般采单芽、一芽一叶或一芽二叶初展的新梢。主要适用于绿茶、红茶、黄茶、白茶等名优茶的采摘。

（2）适中采的标准：以一芽二叶为主，兼采一芽三叶和幼嫩的对夹叶。大宗红、绿茶采用适中采。

乌龙茶的采摘标准，叶梢要比红、绿茶成熟。其采摘标准为：待茶树新梢长到 3～5 叶将要成熟，顶叶六七成开面时采下 2～4 叶，俗称"开面采"。特别是铁观音的采摘要求特别严格，要制好茶必须采摘中开面，驻芽三叶。

所谓"开面采"，又分为小开面、中开面和大开面。

小开面：新梢顶部一叶的面积相当于第二叶的 1/2（如图 5—1 所示）。

中开面：新梢顶部第一叶面积相当于第二叶的 2/3（如图 5—2 所示）。

图 5—1 小开面

图 5—2 中开面

大开面：新梢顶叶的面积相当于第二叶的面积（如图 5—3 所示）。

一般春、秋茶采取"中开面"采；夏暑茶适当嫩采，即采取"小开面"采；产茶园生长茂盛的，持嫩性强，也可采取"小开面"采，采摘驻芽三四叶。

（3）成熟采的标准：以驻芽三叶为主，兼采驻芽四五叶及成熟的对夹叶。乌龙茶采用这种方法。

图 5—3 大开面

（4）粗老采的标准：新梢的梗出现半木质化，采割一芽四五叶为主。用这种采摘标准采割的茶叶，主要用来制作边销茶。以适应边疆兄弟民族的特殊需要。茯砖茶原料采摘标准需等到新梢快顶芽停止生长，下部基本成熟时，采去一芽四五叶和对夹三四叶。南路边茶为适应藏族同胞熬煮掺和酥油的特殊饮茶习惯，要求滋味醇和，回味甘润，所以，采摘标准需待新梢成熟，下部老化时才用刀割去新枝基部一二片成叶以上全部枝梢。这种采摘方法的采摘批次少，花工并不多。茶树投产后，前期产量较高，但由于对茶树生长有较大影响，容易衰老，经济有效年限不很长。

3. 适时采

适时采即根据留叶采的原理和标准采的嫩度要求，及时分批地把芽叶采下来，内容包括开采期、采摘周期和封园期的掌握。

（1）开采期。开采期，指每季茶采摘第一批芽叶的日期。宜早不宜迟，以略早为好。在具体掌握上，应做到"开头适当早，中间刚刚好，后期不粗老"（见表5—1）。

闽南茶区，气候温和，雨量充沛，茶树生长期长，一年可采4～5季，即春茶、夏茶、暑茶、秋茶和冬茶。具体采摘期因品种、气候、海拔、施肥等条件不同而有所差异。春季树冠上有10%～15%的新梢达到采摘标准即可开采；夏季树冠上有10%左右新梢达到标准即可开采；当有50%新梢达到标准则进入采摘旺季。开采次序是先采早芽种，即达到标准先采，成龄茶树先采；幼龄或台刈更新后的茶树可迟一点。各茶季的采摘间隔期为40～50天。

表5—1 闽南采茶季节时间参考

季节	时间	节气
春茶	4月中旬至5月上旬	"谷雨"前至"立夏"前
夏茶	6月中旬至7月上旬	"夏至"前至"小暑"
暑茶	7月下旬至8月中旬	"大暑"后至"处暑"前
秋茶	9月中旬至10月中旬	"秋分"至"寒露"
冬茶	11月下旬至11月中旬	"霜降"至"立冬"

（2）采摘周期。采摘周期，指采批之间的间隔期。以闽南乌龙茶为例，春茶10～12天，夏秋茶为20～30天。

（3）封园期。封园期指秋季（或冬片）茶园停止采摘的日期。应综合各因素，考虑适时封园。若从经济利益考虑，越迟封园越好。

第二节 采 摘 技 术

一、采茶方法

根据采摘工具的不同，采摘方法可分为：手采、剪采、刀割和机采。

1. 手工采茶方法

手采法可将采茶筐（又名茶篮）绑系于腰间。手采时一采一放，轻采轻放，避免芽叶挤压损伤。可单手采，熟练者可以双手。单手采，即通常所说的"提手采"，即用拇指和食指捏住芽叶，轻轻向上提采或折断。不能用指甲掐采，也不能抓采、撸采，要保证茶芽完整，避免芽叶断碎。双手采即"破心鸡啄采摘法"，即双手的拇指与食指分开，由芽梢顶部中心插下，稍加扭折，向上一提，将芽梢采下。这种采摘方法的优点是，每折断一个芽梢，有一半叶张按次序选留于手中，一半叶张露在手掌外，避免全部叶张捏在手中间而发热或压伤，提高采摘质量。

手采按留叶方式又可分为：打顶采、留真叶采和留鱼叶采等。可分别在幼龄茶树、成年茶树、老年茶树上结合养树目的，灵活运用。如幼龄茶树"打顶采摘"；半衰老茶树及幼龄茶树"留真叶"采；青壮年旺采期茶树"留鱼叶"采。

2. 剪采

闽南乌龙茶以剪刀采为主。即用左手拇指与食指、中指捏住新梢，右手拿剪刀。

3. 刀割

刀割法常采用半月形茶刀割茶叶。采摘的鲜叶质量比手工法要差。

4. 机采

需要两个人配合，一人抬机器，另一个帮忙拿好袋。这种机器采摘方法，损伤茶叶严重，易带单叶、鱼叶及粗老梗，不利于茶叶初制，同时损伤茶树较为厉害，不宜提倡。

二、乌龙茶的采摘技术

1. 不同季节的留叶标准

采摘标准为驻芽三叶、对夹叶。春季多采少留能刺激夏茶多发早发。夏秋季留新叶，可促进明年春茶的丰产。春季雨水充沛，光照适当能促进夏芽生长，而秋季增加了越冬叶面积和冬芽数。

2. 不同树龄的留叶标准

成龄茶树春秋及时采摘对夹叶时要求适当留新叶；幼龄茶树和衰老复壮后的茶树应"打顶养蓬""采高留低"，以养为主，以采为辅；对强壮新梢要求春留二叶，夏留一叶，秋季留下鱼叶。

3. 不同树龄的采摘技术

幼年茶树：树高达 60～80 cm，实行春、秋茶各打顶一次，一芽二叶夏茶留养不采或去掉驻芽；当骨架基本形成实行春留二叶、夏留一叶，秋茶采一芽二叶，树冠基本定型后可适当多采，实行春夏留一叶，秋茶留鱼叶。

成年茶树：应做到采中有养，边采边养，并尽可能采净"对夹叶"。春留一叶也可留一至二叶，夏留一叶，秋留鱼叶。

未老先衰茶树：应留壮去弱，多留少采，复壮树势。如采取重剪、春茶后台刈的茶树可于当年秋末打顶一次，夏茶留二叶，秋茶留鱼叶，直到第三年树势恢复，方可进行合理的留叶采。

衰老茶树：应以采为主，适当留养，只留鱼叶，不留真叶。如果树上叶片稀少可采取集中留养的办法，即只采春茶，少采或不采夏秋茶，如不能提高产量，应尽快台刈。

4. 加强采摘技术管理，确保茶青原料保质保量。

（1）"四反对"：反对一把抓，一株尽，满山戗，顾量不顾质。

（2）"五不采"：不采茶蒂，茶果，鱼叶，茶梗，老叶。

（3）"四没有"：地面无青叶，篮里无老叶，树上无破叶，篮中无红叶。

（4）采取"五不""六分开""四及时"："五不"即不压紧，不损伤，不发热、不变质、不夹杂；"六分开"即不同级别分开、嫩叶与老叶分开、隔夜与当天叶分开；"四及时"即及时运送、及时摊晾、及时翻动、及时加工。验收分级的主要依据是鲜叶的嫩度、匀度、净度和鲜叶品种的纯度。

第六章 茶树灾害性气象的防御及补救

根据我国茶区分布的情况，特别是高山区域，气候多变，茶树在复杂的自然环境中，除了遭受病虫危害外，还会遭受寒冻、旱热、水湿、冰雹及强风等气象灾害的袭击，这些灾害威胁茶树生长，轻则造成茶叶减产、品质下降，重则使茶树死亡。因此，了解被害状况，分析受害原因，提出防御措施，进行灾后补救，使其对茶叶生产造成的损失降低到最低限度，是茶树栽培过程中不可忽视的重要问题。

第一节 冻 害

一、茶树遭受冻害的症状

茶树在生长发育过程中，虽然对温、湿等不利气象条件有一定的抗衡能力，但是当超过一定限度后，就会产生危害，而冻害是茶树遭受的主要天气灾害。茶树遭受冻害后，轻则影响茶叶产量和品质，重则造成严重落叶乃至全株枯死（如图6—1所示）。

茶树遭受的低温危害可分寒害和冻害两种，在冻结温度以上（＞0℃）的低温危害称为寒害（或冷害），而冻结温度以下（＜0℃）的低温危害称为冻害。茶树寒害、冻害的类型、症状具体如下。

1. 寒害

茶树在其生育期间遇到反常的低温而遭受的灾害，低温一般在零度以上，如春季的寒潮，秋季的寒露风等。

2. 冰冻

雪后连日阴雨结冰，茶农称为"小雨冻"。受害1～2日叶片变为赤褐色。

图 6—1 冻害茶园

3. 风冻

茶农又叫"乌风冻",是在强大寒潮的袭击下,气温急剧下降而产生的冻害。最初叶片呈青白色而干枯,继而变为黄褐色。

4. 雪冻

形成覆雪—融化—结冰—解冻—再结冰的雪冻灾害。

5. 霜冻

夜间地面或茶树植株表面的温度急剧下降到零度以下,在叶面上结霜,或虽没结霜而引起茶树受害或死亡,称之霜冻。有"白霜"和"黑霜"之分,有霜的霜冻称为白霜,没有霜的霜冻称为黑霜(又称暗霜)。

二、防御措施

1. 新建茶园的防御措施

(1)地形选择。朝南、背风、向阳的山坡有利于茶树越冬,最好是孤山。

(2)选用抗寒良种。大叶种茶树抗寒力较弱,中小叶种茶树抗寒力较强,高寒地区引种应自纬度较高或海拔较高的地方引入,保证纬度和海拔高度相似。

（3）深耕施肥。种植前深耕施基肥，能提高土壤肥力，发挥水、肥、气、热的综合效应。

（4）营造防护林带，建立生态茶园。有意识地保留原有部分林木，绿化道路，营造防护林带，这是永久性的保护措施。一般来说，防护林带的有效防风范围，为林木高度的15～20倍。

2. 现有茶园防御措施

（1）防冻的物理方法

1）熏烟法：烟的遮蔽可使地面夜间辐射减少；而且，形成烟时的直接放热，可提高地面温度，不致发生霜冻。

2）屏障法：平流霜冻的生成原因是冷空气的流入。屏障法是防止平流霜冻的主要措施。

3）喷水法：当茶树表面达到冰点时进行喷水，由于释放潜热可使温度降低缓慢。

4）覆盖法：茶园铺草的防冻效果是极其显著的，此法在我国各茶区应用较为普遍。据观测，茶园盖草可使夜间最低温提高0.3～2℃。

5）风扇法：在离地6～6.5 m处安装送风机，将逆流层上的暖空气吹至茶树采摘面，可提高茶树周际温度，达到防霜和促进芽梢生育的目的。

6）套种绿肥法：秋季在茶园行间套种越冬绿肥，覆盖地面，可提高土壤温度，有利于减轻冻害，春天这些绿肥又可当肥料。适宜套种豌豆等。

（2）防冻的化学方法

1）喷施植物生长抑制剂。在茶树越冬前喷施植物生长抑制剂，可起到保温作用，减少蒸腾，促进枝叶老熟，提高枝条木质化程度，进而增强茶树抗寒能力。

2）喷石蜡水乳化液。以延缓芽的保护包被物—鳞片的脱落时期，这是一种有特色的茶嫩叶的霜害防止方法。

3）使用抗菌素杀灭冰核细菌。日本曾探索采用抗菌素杀灭冰核细菌和用拮抗微生物抑制冰核细菌发展这两种途径。目前国外还从下列途径进行防止霜冻害的尝试：

①用杀细菌剂（如链霉素）喷施叶面，以抑制冰核细菌的增殖。

②用同种高分子化合物保护茶树叶面，同时也有抑制细菌活性的作用。

③喷施对冰核细菌有拮抗作用的抗生菌液，抑制冰核细菌的群体数量。

（3）防冻的培管措施

1）深耕培土。深耕促进细根向土壤下层伸展，以增强抗寒力。培土可保温，因而有防冻作用。

2）冬季覆盖。覆盖有防风、保温和遮光三个效果。

3）茶园施肥。茶园施肥要做到"早施重施基肥，前促后控分次追肥"，这是区别于一般茶区的施肥原则。

4）茶园灌溉。灌足越冬水，辅之行间铺草，是有效的抗旱防冻技术。

5）修剪和采摘。在高山或严寒茶园，其树型以培养低矮茶蓬为宜，采用低位修剪，实行"合理采摘，适时封园"，可以减轻茶树冻害。

三、补救措施

1. 及时修剪

茶树受冻后，部分枝叶已失去活力，因而必须修剪，剪除枯死部分，使其重发新梢，培养骨架和扩大采摘面。修剪应因地因树制宜，按照"照顾多数，同园一致"的原则进行。冻害轻的投产茶园，在"春分"前后进行修剪，剪去茶树的受冻枝梢；冻害重的投产茶园，因修剪任务重、速度慢，修剪时间应提前到3月上中旬，剪口要落在冻害枯死部位以下，防止继续干枯；受冻轻的一年生茶树，在"春分"前后进行第一次定型修剪，留高12～15 cm，受冻重的也要同时进行修剪，剪去枯死部分枝叶，修剪时间不能提前，以防"倒春寒"再次冻伤茶苗，过迟修剪则会延误复壮。受冻茶树经修剪后，应适当留养，以恢复树冠。修剪程度较轻的茶树，春茶前期正常采摘，后期留叶采；受冻严重、修剪程度较深的茶树，应留养春梢，夏茶打顶采。

2. 浅耕施肥

解冻后，进行早春浅耕施肥，对于提高地温、培养地力起着重大作用。受冻茶树在修剪后应及时浇水，早施有机肥，增施磷钾肥；茶芽萌发后多次勤施氮肥。进入秋季则严格控制氮肥施用的次数和数量，适当增施磷钾肥；在新枝叶片成熟后还可以进行叶面施肥。对投产的茶园在3月下旬，按照每亩纯氮 10～12 kg，纯磷、纯钾各 2.5～3.0 kg 追施催芽肥。对一年生茶树按每亩纯氮、纯磷、纯钾各 2～3 kg 施入。同时要结合施肥对茶树行间进行松土，深度约 10 cm，根茎处适当浅些，可提高地温，促使茶芽萌发。

3. 培养树冠

对受冻严重需进行重修剪的茶树要培养新树冠。对重修剪或台刈的投产茶园要以培养树冠为主，根据茶芽的生长情况，可在夏、秋末实行打顶采，促进枝条生长粗壮。对轻修剪的投产茶树，春季留一叶采摘。

4. 喷药

据日本茶叶新闻报道，日本国际化学合成公司研制成一种叫"波曼 L"的植物育成剂，用它喷洒受冻茶树，对恢复树势有显著效果。

5. 防治病虫害

喷药杀虫，防止传播。茶树受冻后树势衰弱，伤口增多，对病虫的抵抗力相对减弱，较正常茶树更容易诱发多种病虫害，要加强茶树病虫害的预测预报，密切注意发生动态。

第二节　旱、热害

一、遭受旱、热害症状

1. 旱害

茶树旱害是指在长期无雨或少雨的气候条件下，造成茶树生长受阻、植株死亡以致茶叶减产的气象灾害。茶树是一种常绿叶用植物，对水分有很高的需求，当茶园土壤和大气缺水时，就不能按需供给茶树水分，出现旱害，将使茶叶生产受到影响。

2. 热害

当温度上升到超过茶树本身所能忍受的临界高温时，茶树不能正常生育，产量下降甚至死亡。

热害常常容易被人们所忽视，认为热害就是旱害，其实二者既有联系，又有区别。旱害是由于水分亏缺而影响茶树的生理活动，热害是由于超临界高温致使植物蛋白质凝固，酶的活性丧失，造成茶树受害。

茶树旱害的发生症状可归纳为两点：一是叶片焦斑界限分明，但部位不一；二是受害过程是先叶肉后叶脉，先嫩叶后老叶，先叶片后顶芽嫩茎，先上部后下部。

热害是旱害的一种特殊表现形式，危害时间短，一般只有几天，就能很快使植株枝叶产生不同程度的灼伤干枯。当气温上升到茶树所能忍耐的最大限度（日温高于 35℃）时，湿度又低，持续多天就会出现热害。

二、防御措施

1. 新建茶园时的防御措施

（1）选用耐旱良种。选育具有较强抗旱性的茶树品种，是提高茶树抗旱能力的根本途径。S. Nagarajsh 和 G. B. Ratnasuriya 研究表明，茶树扎根的深度影响无性系的抗寒性，根浅的对干旱敏感，根深的则较耐旱。另据报道，耐旱品种叶片上表皮蜡质含量高于易旱品种，在蜡质的化学性质研究中，发现了咖啡碱这一成分以耐旱品种含量为高，所以茶树叶片表面蜡质及咖啡碱含量与抗旱性之间有一定的关系。据研究，茶树叶片的解剖结构，如栅栏组织厚度与海绵组织厚度的比值、栅栏组织厚度与叶片总厚度的比值以及栅栏组织的厚度、上表皮的厚度等均同茶树的抗旱性呈现一定的关联性。根据茶园地形和茶园气候条件，因地制宜选择适宜的茶树品种，可增强茶树抵御自然灾害的能力。

（2）合理密植。合理密植，能合理利用土地，协调茶树个体对土壤养分、光能的利用。施行茶园密植，能迅速形成覆盖度较大的蓬面，从而减少土壤水分蒸发，防止雨水直接淋刷，防止水土流失。同时茶树每年大量的落叶回归土壤表层，对土壤有机质的积累、土壤结构改良和土壤水分保持均起巨大的作用。

（3）建立灌溉系统，增强茶树抗逆性。在茶园旁边挖掘蓄水池，有雨水的时候可以储存雨水，在干旱无雨的时候可以用喷灌的方式灌溉茶园，改善茶园小气候，增强茶树的抗旱能力，保证茶树物质循环、正常生理代谢对水分的需求，促进茶树生长发育。建立灌溉系统，能减轻受旱程度，保护茶树，增强采摘指数，降低损失。

（4）茶园铺草，调节土壤温、湿度。茶园铺草，能够调节土壤温、湿度。特别是在坡地茶园铺草更能起到保持水土、减少养分流失和调节土壤温度的效果。铺草比不铺草能提高茶园土壤含水量 7％～9％，冬季增温 0.5～2.5℃，夏季降温 0.4～2.2℃，有利于茶树根系生长发育，增强茶树的抗逆性。铺草还能缓解有机质的矿化，增加土壤腐殖质的积累，改善土壤理化性状，防止杂草生长。

（5）种植绿肥。在行间适当种植夏季高秆绿肥，如田菁、木豆等，既能遮阴又能透光。

（6）使用外源物质，提高茶树抗旱能力。在茶树上使用抗蒸腾剂、抗旱剂、保水剂等，能不同程度地提高茶树的抗旱性。

2. 现有茶园的挽救措施

对于已经遭受旱害的茶树，应及时采取挽救措施。如在旱情解除后，视受害程度的轻重，适当修剪掉一部分枝叶可以减少茶树蒸腾耗水，通过定型和整形修剪，迅速扩大茶树本身对地面的覆盖度，不仅能减少杂草和地面蒸腾耗水，而且能有效地阻止地表径流；及时施用速效性氮、钾肥料，可使受害茶树迅速恢复生机，促进新梢萌发，培育树梢；还可根据当年受害程度采取留叶采摘或提早封园的办法，养好新梢，恢复树势；结合深耕，增加基肥，增强茶树抗旱能力。对于受害严重的幼年茶园，应采用补植或移栽归并，保持良好的园相。

第三节　湿　　害

一、遭受湿害症状

茶树是喜湿怕涝的作物，在排水不良或地下水位过高的茶园中，茶园会连片生育不良，产量很低，虽经多次树冠改造及提高施肥水平，均难以改变茶园的低产面貌，甚至逐渐死亡，造成空缺，这就是茶园土壤的湿害。

茶树湿害的主要症状是分枝少，芽叶稀，生长缓慢以至停止生长，枝条灰白，叶色转黄，树势矮小多病，有的逐渐枯死，茶叶产量极低；吸收根少，侧根伸长不开，根层浅，有些侧根不是向下长而是向水平或向上生长。严重时，输导根的皮不是呈红棕色而是呈黑色，不光滑，有许多呈瘤状小凸出。茶树湿害，地上部症状尚不十分明显，地下部比地上部显著。

二、常见的几种湿害茶园

1. 土地不平整的茶园

在开辟茶园时，由于土地没有平整，或平整后因自然下陷而造成某一片茶园出现坑坑洼洼高低不平的现象，这种茶园如果土层浅、透水性能差的话，每当下雨时土壤向下透水的能力会小于茶园地表径流速度，于是大量的雨水就由高地势茶园通过地表径流向低地势集中起来，结果造成季节性积水或下雨时临时积水，使土壤水分过多，虽然数天之后水分慢慢向下渗透，但这种断断续续的临时性或季节性的积水，给茶树带来了湿害。因此，在许多场合，稍许低洼一点的茶园茶树长势较差，而长在高处的茶树却生长良好。

2. 土壤中有不透水层的茶园

在茶叶生产的热带或亚热带地区，无论是红黄壤或红土，在不同程度上都有一层不透水的塥层存在，这种塥层有黏土层、铁盘、死僵土及母岩等。如果这种塥层在茶园中位置很高，且耕作土层浅，尽管茶园本身是平整的，但由于雨水无法向其深层渗透，地表径流又小，因而大量雨水就会在不透水层储积起来，造成茶树的湿害。

3. 坡脚下的茶园

在坡地茶园中，一般都是坡上方土层瘠薄，茶树生长差，坡下方土层肥厚，茶树生长好，但有时也可以看到相反的情况，坡上方茶园长势较好，坡脚茶园未老先衰，这往往是湿害引起的恶果。因为雨水可以沿着山坡土壤下母岩的自然坡度由上向下流动，一般水流的速度在坡上较快，到了坡脚水流前进受阻，水流会很快在坡脚聚积起来而危害茶树。

4. 原为凹塘或水稻土填平的茶园

在开辟茶园中，常常遇到凹塘或局部小块零星水稻地，为了使茶园集中成片便于管理，一般都把凹塘或水稻土填为茶园。因在填土时未能进行彻底深翻破塥，使水稻土的犁底层及凹塘的积水胶结层风化改良，结果种上茶后，从表面上看茶园本身是平整的，但在水稻土上的填土层内却容易积水，结果也使原为水稻土或凹塘上的茶树造成湿害。

5. 水库坝下的茶园

为了对茶园进行灌溉，做坝蓄水引灌是一种有效的茶园增产措施。但也有一些单位直接把茶园设在坝下，由于水坝填土不实，坝身透水，坝下茶园水位很高，往往造成湿害。

三、防御措施

排除湿害的根本方法是排水，根据不同类型湿害茶园的为害情况，采取不同的排水措施。如果是因土体内塥层造成的湿害，首先要进行深翻破塥，其他湿害茶园，要先摸清土壤水流的来龙去脉，在不同位置设置排水系统，使储水完全排走，在排水的基础上再进行地上部分的树冠改造及地下部分的肥培管理，只有这样方能有效。

在排水中，一种是拦水排法，一种是积水排法。拦水排法是根据水源径流的方向，把排水沟设在高处，在水流未进茶园前把它排走。积水排法是把排水沟设在低处，水流经过茶地，在低佳处把它排走。要根据具体湿害茶园产生的原因，因地制宜地采取有效的排水措施。

在设置排水沟排水时，有明沟排水和暗沟排水两种方法，明沟排水成本较低，但土地利用欠经济，暗沟排水成本较高，但排水效果好，土地利用经济。什么茶园适宜采用明沟或暗沟排水，也要根据当地的具体条件因地制宜地加以解决。

1. 在靠近水库、塘坝下方的茶园，应在交接处开设深的横截沟，切断渗水

对地形低洼的茶园，应多开横排水沟，而且茶园四周的排水沟应当深达 60～80 cm。具体开法是：每隔 5～8 行茶树开一条狭而深的水沟，沟底宽 10～20 cm，沟深 60～80 cm，并通往纵排水沟，沟底填块石，上铺碎石、沙砾或捆扎的竹管束，并覆以树枝。

2. 增施有机肥，多种绿肥，改良土壤，提高肥力

对于因隔层造成湿害，首先要进行土壤深翻，打破隔层，然后施用有机肥，改良土壤结构。

第四节　风、雹害

一、风害

风对茶树生长有利有弊。轻风、微风能使大气中的二氧化碳不断更新地供应茶树的叶部，同时，接近叶层的水汽也可及时地散逸到自由大气空间，帮助树体与大气之间的热量交换，促进茶树光合作用能力。但是，对于能量高于产生破坏性临界值时的强风、疾风，由于风速过大，将会对茶树产生机械危害并使茶园土壤遭到风积和风蚀。

1. 风害的类型

（1）强风害。指风力大到足以危害农业生产及其他经济建设的风。

（2）潮风（盐风）害。指浪花水沫被风带到陆地上，对农作物及土壤进行盐性腐蚀。

（3）干热风害。指茶园遇有高温、干旱和强风力天气，导致茶树从顶端到基部失水后青枯变白或叶片卷缩萎凋，影响茶树产量和质量。

（4）平流寒冻害。指由于冷平流强且持续时间长、气温低、风速大而造成茶树大面积死亡，一般持续 10～20 天，平均气温低于 10℃。

（5）风蚀害。风力对地面物质的吹蚀和风沙的磨蚀作用，统称风蚀。风蚀的主要形态为吹扬、跳跃、滚动、磨蚀和擦蚀。

（6）低吹雪害。指地面上的雪被气流吹起贴地运行，致使茶树生产以及农业设施等遭受损害。

（7）冷风害。即在作物生长季节内，冷空气入侵后，天气晴朗，相对湿度小而气温日较差大，致使植物生长遭受损害。冷风害对作物生理的影响主要表现在：①削弱光合作用。②减少养分吸收。③影响养分的运转。

2. 风害的防御方法

风害的防御方法主要有防风设施防御和栽培的、农用技术的防御方法。

（1）防风设施的防御方法：防风林、防风障和防风网。

（2）农用技术防御方法。

①强风害的防御：选择抗风性品种，采取抗风栽培。

②干热风害的防御：可在强风前喷水或深灌水。

③风蚀的防御：抗风栽培、覆盖、挂网法、防风罩法、增强土壤的抗风性等。

二、雹害

冰雹是指直径 5 mm 以上的固体降水。常见的冰雹直径为

0.5～3.0 cm，重 0.1～12.7 g。

1. 冰雹对茶树的危害

(1) 降雹会直接击落、击伤芽叶，降低鲜叶的匀整度，使成茶外形不整、茶汤腥臭苦涩，品质下降。

(2) 降雹后，由于雹粒融化吸收了土壤和大气中的热量，会使茶树新梢滞育不伸、推迟开采期，减少全年采摘天数、降低产量。

(3) 雹粒解冻、冰水入土，致土温急剧下降，有时可降至 4℃而产生寒害。

(4) 大量的越冬叶被击落、击伤，从而减少对新生芽的能量和碳水化合物供应，造成树势早衰。

(5) 叶梢伤口增多，利于病原微生物入侵、感染，使茶树罹病。

2. 消雹及防雹措施

(1) 高炮、火箭消雹：消雹的方法有用炮和火箭直接射击雹云。

(2) 防雹网：采用铅丝网或尼龙网铺设在茶园上空 100～120 cm 处，同时又起到遮阴的作用，防雹网可设计成屋脊形状，使冰雹在触网后顺坡滑落。

3. 冰雹后的补救措施

(1) 重灾强采，轻灾养蓬。击落芽叶达 15% 以上，破伤芽叶在 30% 以上，同时尚存蓬面的新梢有半数左右已达到一芽二三叶，基本接近采摘标准时，必须强采整蓬。

(2) 翻土追肥、恢复树势。

(3) 抓紧时机喷药，保护树体。如用 0.05% 的硫酸铜溶液加上 0.5%～1% 的尿素或复合化肥，效果更佳。

第七章　茶树病虫害的防治

茶叶作为一种国际贸易中的全世界三大无酒精天然饮料之一，对其自然品质和卫生指标的检验在各国都较为严格。而茶树病虫害会影响茶叶的产量，造成芽、叶、梢、枝和株等残缺、枯死的有形损失，同时，它直接对成茶的色、香、味、形有破坏性的损害。

第一节　茶树主要病害防治

一、茶饼病

茶饼病又名疱状叶病、叶肿病、白雾病。是嫩芽和叶上重要病害，对茶叶品质影响很大，分布在全国各茶区。

1. 症状

主要为害嫩叶、嫩茎和新梢，花蕾、叶柄及果实上也可发生。嫩叶染病初现淡黄至红棕色半透明小斑点，后扩展成直径0.3~1.25 cm 圆形斑，病斑正面凹陷，浅黄褐色至暗红色，背面凸起，呈馒头状疱斑，其上具灰白色或粉红色或灰色粉末状物，后期粉末消失，凸起部分萎缩形成褐色枯斑，四周边缘具一灰白色圈，似饼状，故称茶饼病。发病重时一叶上有几个或几十个明显的病斑，后干枯或形成溃疡。叶片中脉染病病叶多扭曲或畸形，茶叶歪曲、对折或呈不规则卷拢。叶柄、嫩茎染病肿胀并扭曲，严重的病部以上的新梢枯死或折断（如图7—1所示）。

2. 发生特点

一般发生期在春、秋季。这一时期茶园日照少，结露持续时间长，雾多，湿度大易发病。而偏施、过施氮肥，采摘、修剪过

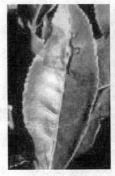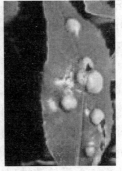

图7—1　茶饼病

度，管理粗放，杂草多发会引起病重。品种间有抗病性差异。病害通过调运苗木作远距离传播。

3. 防治方法

（1）进行检疫。从病区调进的苗木必须进行严格检疫，发现病苗马上处理，防止该病传播扩散。

（2）提倡施用酵素菌沤制的堆肥或生物有机肥，采用配方施肥技术，增施磷钾肥，增强树势。

（3）加强茶园管理，及时去掉遮阴树，及时分批采茶，适时修剪和台刈，使新梢抽出期避开发病盛期，减少染病机会，另外及时除草也可减轻发病。

（4）低洼的茶园要及时进行清沟排水。

（5）加强预测预报，及时施药防病。此病流行期间，若连续5天中有3天上午日均日照时数小于3 h，或5天日降雨量5 mm以上时，应马上喷洒20％三唑酮乳油1 500倍液，或70％甲基托布津可湿性粉剂1 000倍液。三唑酮有效期长，发病期用药1次即可，其他杀菌剂隔7～10天1次，连续防治2～3次。非采茶期和非采摘茶园可喷洒12％绿乳铜乳油600倍液或0.3％的96％硫酸铜液或0.6％～0.7％石灰半量式波尔多液等药剂进行预防。

二、茶云纹叶枯病

茶云纹叶枯病，又称叶枯病。是茶叶部常见病害之一，分布在全国各茶区。

1. 症状

主要为害成叶和老叶、新梢、枝条及果实。叶片染病多在成叶、老叶或嫩叶的叶尖或其他部位产生圆形至不规则形水浸状病斑，初呈黄绿色或黄褐色，后期渐变为褐色，病部生有波状褐色、灰色相间的云纹，最后从中心部向外变成灰色，其上生有扁平圆形黑色小粒点，沿轮纹排列成圆形至椭圆形。具不大明显的轮纹状病斑，边缘生褐色晕圈，病健部分界明显。嫩叶上的病斑初为圆形褐色，后变黑褐色枯死。枝条染病产生灰褐色斑块，椭圆形略凹陷，生有灰黑色小粒点，常造成枝梢干枯。果实的染病病斑呈黄褐色或灰色，圆形，上生灰黑色小粒点，病部有时裂开。茶树衰弱时多产生小型病斑，不整形，灰白色，正面散生黑色小点（如图7—2所示）。

图7—2 茶云纹叶枯病

2. 发病特点

一年四季，除寒冷的冬季以外，其余三季均见发病，其中高温高湿的8月下旬至9月上旬为发病盛期。一般7—8月，旬均温28℃以上，降雨量多于40 mm，平均相对湿度高于80%时易流行成灾。气温 15℃，潜育期 13 天，均温 20～24℃，潜育期 10～13 天，气温 24℃，潜育期 5～9 天。生产上如土层薄，根系发育不好或幼树根系尚未发育成熟，夏季阳光直射，水分供应不匀，造成日灼斑后常引发该病。此外茶园遭受冻害或采摘过度、虫害严重也易发病。台刈、密度过大及扦插茶园发病重。品种间抗病性有差异，大叶型品种一般表现易感病。

3. 防治方法

（1）建茶园时选择适宜的地形、地势和土壤；因地制宜选用抗病品种。

（2）秋茶采完后及时清除地面落叶并进行冬耕，把病叶埋入土中，减少翌年菌源。

（3）施用酵素菌沤制的堆肥、生物活性有机肥或茶树专用肥提高茶树抗病力。

（4）加强茶园管理，做好防冻、抗旱和治虫工作，及时清除园中杂草；增施磷钾肥，促进茶树生长健壮，可减轻病害发生。

（5）在 5 月下旬至 6 月上旬，当气温骤然上升，叶片出现旱斑时，可喷第一次药以进行保护。7—8 月高温季节，当旬均温高于 28℃，降雨量大于 40 mm，相对湿度大于 80％时，将出现病害流行，应即组织喷药保护。可选用 50％多菌灵可湿性粉剂 1 000 倍液，或 75％百菌清可湿性粉剂 800～1 000 倍液，或 70％甲基托布津可湿性粉剂 1 500 倍液，或 80％代森锌可湿性粉剂 800 倍液。安全间隔期相应为 15 天、6 天、10 天和 14 天。非采摘茶园也可喷洒 0.7％石灰半量式波尔多液。

三、茶苗根结线虫病

茶苗根结线虫病分布在全国各茶区，主要为害茶苗。

1. 症状

多在 1～2 年生实生苗和扦插苗的根部发生，其典型特点是病原线虫侵入寄主后，引起根部形成肿瘤即虫瘿。根瘤大小不一，大的似黄豆，小的似菜籽，主侧根受害常膨大无须根。须根受害表现为病根密集成团，外表粗糙呈黄褐色。根系受害后，皮层组织疏松，后期皮层腐烂脱落，植株死亡。地上部表现植株生长不良，矮小，叶片黄化，旱季常引起大量落叶，最后枯枝死亡。

2. 发生特点

以幼虫在土壤中或卵和雌成虫在根瘤中越冬。翌春气温高于10℃，以卵越冬的在卵壳内孵化出 1 龄幼虫，蜕皮进入 2 龄后从卵壳中爬出，借水流或农具等传播到幼嫩的根尖处，用吻针穿刺根表皮细胞，由根表皮侵入根内，同时分泌刺激物致根部细胞膨大形成根结。这时 2 龄幼虫蜕皮变成 3 龄幼虫，再蜕一次皮成为成虫。雌成虫就在虫瘿里为害根部，雄成虫则进入土中。幼虫常随苗木调运进行远距离传播。土温 25～30℃，土壤相对湿度40%～70%适合其生长发育，完成一代需 25～30 天。生产中砂土常比黏土发病重。三年以上茶苗转入抗病阶段。

3. 防治方法

(1) 选择未感染根结线虫病的前茬地建立茶园，必要时先种植高感线虫病的大叶绿豆及绿肥，测定土壤中根结线虫数量。

(2) 种植茶树之前或在苗圃播种前，于行间种植万寿菊、危地马拉草、猪屎豆等，这几种植物能分泌抑制线虫生长发育的物质，减少田间线虫数量。

(3) 认真进行植物检疫，选用无病苗木，发现病苗，马上处理或销毁。

(4) 苗圃的土壤于盛夏进行深翻，把土中的线虫翻至土表进行暴晒，可杀灭部分线虫，必要时把地膜或塑料膜铺在地表，使土温升到 45℃以上效果更好。

(5) 药剂处理土壤。育苗圃用 3% 呋喃丹颗粒剂，每亩 2～5 kg，与细土拌匀，施在沟里，后覆土压实，有效期 1 年，但采茶期不准使用。此外还可选用 98%～100% 棉隆微粒剂，每亩用5～6 kg，撒施或沟施，深约 20 cm，施药后覆土，间隔 15 天后松土放气，然后种植茶苗。

四、茶煤病

茶煤病又称乌油、煤烟病，分布在全国各茶区。

1. 症状

主要为害叶片，枝叶表面初生黑色、近圆形至不规则形小斑，后扩展至全叶，致叶面上覆盖一层煤烟状黑霉（如图7—3所示）。茶煤烟病有近十种，其颜色、厚薄、紧密度略有不同，其中浓色茶煤病的霉层厚，较疏松，后期长出黑色短刺毛状物，病叶背面有时可见黑刺粉虱、蚧壳虫、蚜虫等。头茶期和四茶期发生重，严重时茶园污黑一片，仅剩顶端茶芽保持绿色，芽叶生长受抑，光合作用受阻，影响茶叶产量和质量。

图7—3　茶煤病

2. 发生特点

病菌多以菌丝体和分生孢子器或子囊壳在病部越冬。翌春，在霉层上生出孢子，借风雨传播，孢子落在粉虱、蚧类或蚜虫分泌物上后，吸取营养进行生长繁殖，且可通过这些害虫的活动进行传播，以上害虫常是该病发生的重要先决条件，管理粗放的茶园或荫蔽潮湿、雨后湿气滞留及害虫严重的茶园易发病。

3. 防治方法

（1）从加强茶园管理入手，及时、适量修剪，创造良好的通风透光条件；雨后及时排水，严防湿气滞留；千方百计增强树势，预防该病发生。

（2）及时防治茶园害虫，注意控制粉虱、蚧壳虫、蚜虫等虫害，是防治该病积极有效的措施之一。

（3）早春、晚秋非采茶期喷洒 0.5％波美度石硫合剂，或 0.7％石灰半量式波尔多液，或 30％绿得保悬浮剂 500 倍液，或 47％加瑞农可湿性粉剂 700 倍液，或 12％绿乳铜乳油 600 倍液。

五、茶轮斑病

茶轮斑病又称茶梢枯死病。分布在全国各产茶区。

1. 症状

主要为害叶片和新梢。叶片染病嫩叶、成叶、老叶均可发病，先在叶尖或叶缘上生出黄绿色小病斑，后扩展为圆形至椭圆形或不规则形褐色大病斑，成叶和老叶上的病斑具明显的同心轮纹，后期病斑中间变成灰白色，湿度大出现呈轮纹状排列的黑色小粒点，即病原菌的子实体（如图 7—4 所示）。嫩叶染病时从叶尖向叶缘渐变黑褐色，病斑不整齐，焦枯状，病斑正面散生煤污状小点，病斑上没有轮纹，病斑多时常相互融合致叶片大部分布满褐色枯斑。嫩梢染病尖端先发病，后变黑枯死，继续向下扩展引致枝枯，发生严重时叶片大量脱落或扦插苗成片死亡。

图 7—4　茶轮斑病

2. 发生特点

病菌以菌丝体或分生孢子盘在病叶或病梢上越冬，翌年春季条件适宜时产生分生孢子，从茶树嫩叶或成叶伤口处入侵，经

7～14 天潜育引起发病，产生新病斑。湿度大时形成子实体，释放出成熟的分生孢子，借雨水飞溅传播，进行多次再侵染。该病属高温高湿型病害，气温 25～28℃，相对湿度 85%～87%利于发病。夏、秋两季发生重。生产上捋采、机械采茶、修剪、夏季扦插苗及茶树害虫多的茶园易发病。茶园排水不良，栽植过密的扦插苗圃发病重。品种间抗病性差异明显。凤凰水仙、湘波绿、云南大叶种易发病。

3. 防治方法

（1）选用龙井长叶、藤茶、茵香茶、毛蟹等较抗病或耐病品种。

（2）加强茶园管理，防止捋采或强采，以减少伤口。机采、修剪、发现害虫后及时喷洒杀菌剂和杀虫剂预防病菌入侵。雨后及时排水，防止湿气滞留，可减轻发病。

（3）进入发病期，采茶后或发病初期及时喷洒 50%苯菌灵可湿性粉剂 1 500 倍液，或 50%多霉灵（万霉灵 2♯）可湿性粉剂 1 000 倍液，或 25%多菌灵可湿性粉剂 500 倍液，或 80%敌菌丹可湿性粉剂 1 500 倍液，或 75%百菌清可湿性粉剂 600 倍液，或 36%甲基硫菌灵悬浮剂 700 倍液，隔 7～14 天防治 1 次，连续防治 2～3 次。

六、茶赤叶斑病

茶赤叶斑病在全国各茶区均有发生，主要为害叶片。

1. 症状

嫩叶、成叶、老叶染病，多从叶尖或叶缘处开始产生浅褐色病斑，后扩展到半叶或全叶，形成不规则形大型病斑，病斑颜色较一致，呈深红褐色至赤褐色，边缘具深褐色隆起线，与健部分界很明显，后期病部生出略凸起的黑色小粒点，即病原菌的分生孢子器。

2. 发生特点

病菌以菌丝体和分生孢子器在茶树病叶组织里越冬。翌年 5 月开始产生分生孢子，靠风雨及水滴溅射传播，侵染成叶引起发病，病部又产生分生孢子进行多次再侵染。该病属高温高湿型病害，5—6月开始发病，7—8月进入发病盛期。茶园缺水，茶树水分供应不足，抗性下降易发病。台刈及修剪后抽生嫩枝多，采摘不净留叶多或夏季干旱，根部供水不足，易遭受病菌侵染。向阳坡地或土层浅或梯田茶园根系发育不好，发病重，致整个茶园呈红褐色焦枯状，落叶严重。

3. 防治方法

（1）提倡施用酵素菌或EM活性生物有机肥，改良土壤理化性状和保水保肥，是防治该病的根本措施。

（2）夏季干旱要及时灌溉，合理种植遮阴树，减少阳光直射，防止日灼。

（3）夏季干旱到来之前喷洒50%苯菌灵可湿性粉剂1 500倍液，或50%多菌灵可湿性粉剂900倍液，或36%甲基硫菌灵悬浮剂600倍液。其他方法参见茶云纹病。

七、茶炭疽病

茶炭疽病全国大部分茶区均有分布，西南、江南等山区茶园发生较普遍，尤其以3~4年生的幼龄茶树和台刈后生长茂密的茶树发病较重。重发时可引致茶树大量落叶，影响第二年春茶产量。

1. 症状

主要为害成叶。初在叶尖、叶缘产生水渍状暗绿色病斑点，扩展后病斑由褐色变为焦黄色，最后为灰白色。病斑呈半圆形或不规则形，病部与健部分界明显。但受主脉限制常变形为半叶病斑。后期病斑表面散生许多黑色细小粒点。

2. 发生特点

茶炭疽病是一种半知菌亚门真菌引起的病害。病菌以菌丝体和分生孢子盘在病叶组织中越冬。翌年春季在适宜条件下产生分生孢子，分生孢子借风雨传播蔓延，在水滴中萌发侵入叶片，形成病斑，病部的分生孢子成熟后，进行多次重复再侵染。适宜高湿条件下发病较重，全年以5—6月、9—10月发生为害重。树势衰弱、管理粗放、采摘过度、遭受冻害、虫害较重、氮肥施用过多的茶园易发病。一般叶片组织薄软、茶多酚含量低的品种容易感病。

3. 防治方法

(1) 选用抗病品种；加强茶园管理，适当增施磷钾肥，勤除杂草，促使茶树健壮生长，提高茶树抗病力；及时清理病叶，防止病菌传播。

(2) 雨季时，做好排水降湿工作。

(3) 5月下旬至6月上旬、8月下旬至9月上旬雨季到来前后是防治该病的适期，生产上应掌握在各轮新梢一芽一叶期喷洒75％甲基硫菌灵悬浮剂600倍液、75％百菌清可湿行粉剂800倍液和40％百菌清悬浮剂600倍液。

(4) 非采茶期也可喷洒12％绿乳铜乳油600倍液、96％硫酸铜液800倍液、0.7％石灰半量式波尔多液等。

八、茶园赤星病

茶园赤星病在我国各茶区均有发生，新茶园或高山茶区发生较多。主要为害叶片、叶柄、嫩梢等部位。病株生长不良，芽叶瘦小，病叶制成干茶后滋味苦涩。主要影响春茶的产量和品质。

1. 症状

叶片染病主要见于早春鱼叶或第一叶上，病部初生褐色小点，后扩展成灰白色中间凹陷的圆形病斑，大小为0.8～3.5 mm，边缘具暗褐色或紫褐色隆起线，中央红褐色。后期病斑中间三生褐色小点，即病原菌的菌丝块，湿度大时，上生灰色霉层，即病原菌的子实体。叶柄、嫩梢染病，产生与叶片上类似的症状。

2. 发生特点

茶园赤星病是由半知菌亚门茶尾孢属真菌引起的病害。病菌以菌丝体在茶树上病叶及落叶中越冬，翌年春季条件适宜产生分生孢子，借风雨传播，侵染嫩叶、成叶、幼茎，经几天潜育，产生新病斑后又形成分生孢子，进行多次重复侵染。该病亦属高湿低温型病害。相对湿度高于80％，气温高于20℃时易发病。每年 4 月下旬至 5 月上旬发病重，秋雨时节也常发生，尤其是平原低洼、潮湿及高山多雾的茶区易发病。茶园管理粗放、肥料不足、采摘过度，造成茶树衰弱的发病重。品种间抗病性差异明显，龙井茶、毛蟹、黄叶早等抗病；白毛茶、云台山大叶种、凤凰水仙易感病。

3. 防治方法

（1）加强茶园肥水管理，增强树势，提高抗病力。

（2）及时摘除病叶，以减少初侵染源。

（3）早春或秋季初发病时开始喷洒 75％甲基硫菌灵悬浮剂 600 倍液、75％百菌清可湿性粉剂 800～900 倍液。

（4）非采摘茶园也可喷洒 0.7％石灰半量式波尔多液。

第二节　茶树主要害虫防治

一、黑刺粉虱

黑刺粉虱又名桔刺粉虱，分布较广，为害重。

1. 为害状

以幼虫刺吸茶树成叶和老叶汁液为害，其排泄物还诱致煤污病，严重时茶芽停止萌发、树势衰退、大量落叶，树冠一片黑色（如图 7—5 所示）。

图 7—5　黑刺粉虱为害状

2. 形态特征

成虫体长 1～1.3 mm，雄虫略小，体橙黄色，体表覆有粉状蜡质物，复眼红色，前翅紫褐色，周围有 7 个白斑，后翅浅紫色，无斑纹。卵长约 0.25 mm，香蕉形，顶端稍尖，基部有一短柄与叶背相连，初产时乳白色，渐变深黄色，孵化前呈紫褐色（如图 7—6 所示）。初孵幼虫长约 0.25 mm，长椭圆形，具足，体乳黄色，后渐变黑色，周缘出现白色细蜡圈，背面出现 2 条白色蜡线，后期背侧面生出刺突。1 龄幼虫背侧面具 6 对刺，2 龄 10 对刺，3 龄 14 对刺。幼虫老熟时体长约 0.7 mm。蛹近椭圆形，初期乳黄色，透明，后渐变黑色。蛹壳黑色有光泽，长约 1 mm，周缘白色蜡圈明显，壳边呈锯齿状，背面显著隆起，上常附有幼虫蜕皮壳。蛹壳背面有 19 对刺，两侧边缘雌蛹壳有 11 对刺，雄蛹壳 10 对刺。

图 7—6　黑刺粉虱

3. 发生特点

一年发生 4 代，以老熟幼虫在茶树叶背越冬，翌年 3 月化蛹，4 月上、中旬成虫羽化，第 1 代幼虫在 4 月下旬开始发生。第 1～4 代幼虫的发生盛期分别在 5 月下旬、7 月中旬、8 月下旬和 9 月下旬至 10 月上旬。黑刺粉虱喜隐蔽的生态环境，在茶丛中下部叶片较多的壮龄茶园及台刈后若干年的茶园中易于大发生，在茶丛中的虫口分布以下部居多，上部较少。成虫羽化时，蛹壳仍留在叶背。成虫飞翔力弱，白天活动，晴天较活跃。卵多产于成叶与老叶背面，每雌虫产卵量约20粒。初孵幼虫能爬行，但很快就在卵壳附近固定为害。幼虫经3龄老熟后，在原处化蛹。

4. 防治方法

（1）结合茶园管理进行修剪、疏枝、中耕除草，使茶园通风透光，可减少其发生量。

（2）黑刺粉虱的防治指标为平均每张叶片有虫2头时，即应防治。当1龄幼虫占80%、2龄幼虫占20%时即为防治适期。可选用40%乐果乳油800倍液，或50%马拉硫磷乳油800～1 000倍液，或50%辛硫磷乳油1 000倍液，或25%扑虱灵乳油1 000倍液，或2.5%天王星乳油1 500～2 000倍液。安全间隔期相应为10天、10天、5天、14天和6天。黑刺粉虱多在茶树叶背，喷药时要注意喷施均匀。发生严重的茶园在成虫盛发期也可进行防治。

（3）黑刺粉虱的天敌种类很多，包括寄生蜂、捕食性瓢虫、寄生性真菌，应注意保护和利用。

二、茶橙瘿螨

茶橙瘿螨又名茶锈壁虱、茶尖叶瘿螨，分布甚广。

1. 为害状

成螨和若螨刺吸茶树嫩叶和成叶汁液，使被害叶失去光泽，呈淡黄绿色，叶正面主脉发红，叶背出现褐色锈斑，芽叶萎缩，芽梢停止生长。

2. 形态特征

成螨体小，长约0.14 mm，橙红色，长圆锥形，体前部稍宽，向后渐细呈胡萝卜形，足2对，体后部有许多皱褶环纹，背面约有30条。腹末有1对刚毛。卵为球形，直径约0.04 mm，白色透明，呈水晶状。幼螨和若螨体色浅，乳白至浅橘红色，足

2对，体形与成螨相似，但体后部的环纹不明显（如图7—7所示）。

3. 发生特点

一年约发生20余代，以卵、幼螨、若螨和成螨各种螨态在茶树叶背越冬。世代重叠严重。一般3月、11—12月每月发生1代，4月和10月各2代，5月和9月各3代，6—8月各4代。初冬气温降至10℃以下时，各螨态均能继续活动，一般于第二年3月中、下旬气温回升后，成螨开始由叶背转向叶面活动为害。各世代历期随气候而异，当

图7—7 茶橙瘿螨

平均气温在17～18℃时，全世代历期平均11～14天，平均气温在22～24℃时为7～10天，平均气温在27～28℃时为5～6天。成螨具有陆续孕卵、分次产卵的习性，卵散产于叶背，多在侧脉凹陷处，每雌螨平均产卵20余粒。幼螨第1次蜕皮成若螨，第2次蜕皮后成成螨。每次蜕皮前均有一不食不动的静止期。在茶丛中几乎全部分布在茶丛中上部，大多分布在芽下第1～4叶上。全年一般有2个发生高峰，第1个高峰在5月中、下旬，第2个高峰期因高温干旱季节的早迟而异，一般在夏季高温旱季后形成，但数量低于第一个高峰。全年以夏、秋茶期为害最重，高温季节和高湿多雨条件不利于发生。

4. 防治方法

（1）干旱季节及时抗旱，加强肥水管理，增强树势，过于隐蔽的茶园要适当剪除荫枝，及时清除落叶。

（2）秋冬季进行轻修剪，并将剪下来的枝叶埋入土中，降低越冬虫口基数。

（3）秋茶结束后，于11月下旬前抓紧喷施0.5波美度石硫合剂，减少越冬虫口基数，并可兼治蚧壳虫、黑刺粉虱和部分茎叶病害。

（4）实行分批多次采摘，可减少虫口数。

（5）以螨治螨，人工释放捕食螨（胡瓜钝绥螨），效果较好。

（6）在发生高峰前喷施 20％哒螨酮或 15％灭螨灵 2 000～3 000 倍液或 25％扑虱灵 800～1 000 倍液。

三、茶蚜

茶蚜别名茶二叉蚜、桔二叉蚜、可可蚜，如图 7—8 所示。分布区域较广，还为害油茶、柑橘、胡椒等作物。

图 7—8　茶蚜

1. 为害状

若虫和成虫刺吸嫩梢汁液为害。使芽梢生长停滞、芽叶卷缩。此外由于蚜虫分泌"蜜露"，会诱致霉病发生。

2. 形态特征

分为有翅蚜和无翅蚜两种。有翅蚜长约 2 mm，翅透明，前翅长 2.5～3 mm，中脉有一分支，体黑褐色并有光泽。触角第 3～5 节依次渐短，第 3 节有 5～6 个感觉圈排成一列。腹部背侧有 4 对黑斑，腹管短于触角第 4 节，尾片短于腹管，中部较细，端部较圆，具有 12 根细毛。无翅胎生雌蚜卵圆形，暗褐至黑褐色，体长约 2 mm。卵长椭圆形，长径 0.5～0.7 mm，短径 0.2～0.3 mm，初产时浅黄色，后转棕色至黑色，有光泽。若虫外形和成虫相似，浅黄至浅棕色，体长 0.2～0.5 mm。1 龄若虫触角4节，2龄触角5节，3龄触角6节。

3. 发生特点

当虫口密度大或环境条件不利时会产生有翅蚜，飞迁到其他嫩梢繁殖新蚜群。茶蚜趋嫩性强，因此在芽梢生长幼嫩的新茶园、台刈后复壮的茶园、修剪留养茶园和苗圃中发生较多。茶蚜的发生和气候条件关系密切。在晴暖少雨天气适于茶蚜发生，夏季干旱高温，暴风大雨条件不利于茶蚜发生。一年发生20余代，偏北方茶区以卵在茶树叶背越冬。在翌年2月下旬开始孵化，3月上旬盛孵，全年以4—5月和10—11月发生较多，4月下旬至5月中旬为全年发生盛期。茶蚜有两种繁殖方式，即胎生（孤雌生殖）和卵生（有性生殖）。一般以胎生为主。每头无翅胎生雌蚜可产幼蚜20～45头，1头有翅胎生雌蚜可产幼蚜18～30头。秋末出现有性蚜，交尾后产卵于茶树叶背，常十余粒至数十粒产在一处，排列不整齐，较疏散，每雌产卵量4～10粒，一般多为无翅蚜。

4. 防治方法

（1）在虫梢数量少、虫口密度大的茶园中人工采除虫梢。分批多次采摘，可破坏茶蚜适宜的食料和环境，抑制其发生。

（2）茶蚜的天敌有瓢虫、草蛉、食蚜蝇等多种，要注意保护，尽量减少化学农药的施用次数，达到自然控制的效果。

（3）当有蚜芽梢率达10%，有蚜芽梢芽下第2叶平均虫口达20头以上时，可喷施40%乐果乳油、50%马拉硫磷乳油1 000倍液，2.5%溴氰菊酯乳油、2.5%天王星乳油4 000～6 000倍液。安全间隔期相应为10天、10天、3天和6天。零星发生时可组织挑治。

四、扁刺蛾

扁刺蛾别名黑点刺蛾、黑点刺耳蛾，幼虫俗称洋辣子。分布较广，寄主有茶、麻、桑、苹果、梨、桃、李、杏、柑橘、樱桃、枣、柿、核桃等40多种植物。

1. 为害状

幼虫食叶。低龄啃食叶肉，稍大食成缺刻和孔洞，严重时食成光秆。幼虫体具毒刺，触及皮肤，会疼痛红肿，影响采茶等田间作业。

2. 形态特征

成虫体长 13～18 mm，翅展 28～39 mm，体暗灰褐色，腹面及足色深，触角雌虫丝状，基部 10 多节呈栉齿状，雄虫羽状（如图 7—9 所示）。前翅灰褐稍带紫色，中室外侧有一明显的暗褐色斜纹，自前缘近顶角处向后缘中部倾斜；中室上角有一黑点，雄蛾较明显。后翅暗灰褐色。卵扁椭圆形，长 1.1 m，初淡黄绿，后呈灰褐色。幼虫体长 21～26 mm，体扁椭圆形，背稍隆似龟背，绿色或黄绿色，背线白色、边缘蓝色；体边缘每侧有 10 个瘤状凸起，上生刺毛，各节背面有 2 小丛刺毛，第 4 节背面两侧各有 1 个红点。蛹体长 10～15 mm，前端较肥大，近椭圆形，初乳白色，近羽化时变为黄褐色。茧长 12～16 mm，椭圆形，暗褐色。

图 7—9　扁刺蛾

3. 发生特点

北方 1 年生 1 代，以老熟幼虫在树下 3～6 cm 土层内结茧以前蛹越冬。5 月中旬开始化蛹，6 月上旬开始羽化、产卵，发生期不整齐，6月中旬至8月上旬均可见初孵幼虫，8月为害最重，8月下旬开始陆续老熟入土结茧越冬。成虫多在黄昏羽化出土，昼伏夜出，羽化后即可交配，2天后产卵，多散产于叶面上。卵期7天左右。幼虫共8龄，6龄起可食全叶，老熟多夜间下树入土结茧。

4. 防治方法

（1）冬季结合耕作，在茶树根际培土7 cm以上，以阻止成虫羽化出土。在冬耕施基肥或早春在茶树根际施催芽肥时，清除虫茧。

（2）用频振式杀虫灯诱杀成虫。

（3）在一至二龄幼虫期喷施扁刺蛾核型多角病毒（NPV）悬浮液，使用浓度为100亿/mL；在为害严重时，喷洒80％敌敌畏乳油1 200倍液或50％辛硫磷乳油1 000倍液、25％灭脲三号胶悬剂500～1 000倍液或青虫菌800倍液。

（4）保护利用天敌。天敌有上海小青蜂等。

五、茶蓑蛾

茶蓑蛾别名茶袋蛾、茶背袋蛾、茶避债虫。各产茶区均有分布。除为害茶树外，还为害柑橘、桃、梨、油茶、李、桑等。

1. 为害状

幼虫在护囊中咬食叶片、嫩梢或剥食枝干、果实皮层，造成局部茶丛光秃（如图7—10所示）。该虫喜集中为害。

图7—10　茶蓑蛾为害状

2. 形态特征

成虫雌蛾体长 12～16 mm，足退化，无翅，蛆状，体乳白色。头小，褐色。腹部肥大，体壁薄，能看见腹内卵粒（如图7—11 所示）。后胸、第 4～7 腹节具浅黄色茸毛。雄蛾体长 11～15 mm，翅展 22～30 mm，体翅暗褐色。触角呈双栉状。胸部、腹部具鳞毛。前翅翅脉两侧色略深，外缘中前方具近正方形透明斑 2 个。卵长 0.8 mm 左右，宽 0.6 mm，椭圆形，浅黄色。幼虫体长 16～28 mm，体肥大，头黄褐色，两侧有暗褐色斑纹。胸部背板灰黄白色，背侧具褐色纵纹 2 条，胸节背面两侧各具浅褐色斑 1 个。腹部棕黄色，各节背面均具黑色小凸起 4 个，呈"八"字形。雌蛹纺锤形，长 14～18 mm，深褐色，无翅芽和触角。雄蛹深褐色，长 13 mm。护囊纺锤形，深褐色，丝质，外缀叶屑或碎皮，稍大后形成纵向排列的小枝梗，长短不一。护囊中的老熟幼虫雌虫长 30 mm 左右，雄虫长 25 mm 左右。

3. 发生特点

每年发生 1～2 代，以 3～4 龄幼虫在护囊中越冬。翌年 3月，气温 10℃左右，越冬幼虫开始活动和取食，由于此间虫龄高，食量大，成为茶园早春的主要害虫之一。5 月中下旬后幼虫陆续化蛹，6 月上旬至 7月中旬成虫羽化并产卵，当年第 1 代幼虫于 6—8 月发生，7—8 月为害最重。第 2 代的越冬幼虫在 9 月间出现，冬前为害较轻。成虫害在下午羽化，

图 7—11 茶蓑蛾

雄蛾喜在傍晚或清晨活动，靠性引诱物质寻找雌蛾，雌蛾羽化翌日即可交配，交尾后 1～2 天产卵，雌虫产卵后干缩死亡。幼虫多在孵化后 1～2 天下午先取食卵壳，后爬上枝叶或飘至附近枝

叶上，吐丝粘缀碎叶营造护囊并开始取食。1～3龄幼虫多数只食下表皮和叶肉，留上表皮成半透明黄色薄膜，3龄后咬食叶片成孔洞或缺刻。幼虫老熟后在护囊里倒转虫体化蛹。天敌有蓑蛾疣姬蜂、松毛虫疣姬蜂、桑蟥疣姬蜂、大腿蜂、小蜂等。

4. 防治方法

（1）人工摘除护囊。发现虫囊及时摘除，集中烧毁。

（2）注意保护寄生蜂等天敌昆虫。

（3）在幼虫低龄盛期，喷洒90%晶体敌百虫800～1 000倍液，或80%敌敌畏乳油1 200倍液，或50%杀螟松乳油1 000倍液，或50%辛硫磷乳油1 500倍液，或90%巴丹可湿性粉剂1 200倍液，或2.5%溴氰菊酯乳油4 000倍液。提倡喷洒每克含1亿个活孢子的杀螟杆菌或青虫菌进行生物防治。喷药时必须将虫囊喷湿，以充分发挥药效。

六、茶树角蜡蚧

茶树角蜡蚧别名角蜡虫。分布广泛，寄主较广，有茶、桑、柑橘、无花果、石榴、苹果、梨、桃、李、杏、樱桃等。

1. 为害状

若虫和雌成虫刺吸枝、叶汁液，排泄蜜露常诱致煤污病发生，削弱树势，重者枝条枯死。

2. 形态特征

雌成虫短椭圆形，长6～9.5 mm，宽约8.7 mm，高5.5 mm，蜡壳灰白色，死体黄褐色微红。周缘具角状蜡块：前端3块，两侧各2块，后端1块圆锥形较大如尾，背中部隆起呈半球形。触角6节，第3节最长。足短粗，体紫红色。雄体长1.3 mm，赤褐色，前翅发达，短宽微黄，后翅特化为平衡棒。卵椭圆形，长0.3 mm，紫红色。若虫初龄扁椭圆形，长0.5 mm，红褐色；2龄出现蜡壳，雌蜡壳长椭圆形，乳白微红，前端具蜡突，两侧每边4块，后端2块，背面呈圆锥形稍向前弯曲；雄蜡壳椭圆形，长2～2.5 mm，背面隆起较低，周围有13个蜡突。雄蛹长1.3 mm，红褐色。

3. 发生特点

1年生1代，以受精雌虫于枝上越冬。翌春继续为害，6月产卵于体下，卵期约1周。若虫期80～90天，雌脱3次皮羽化为成虫，雄脱2次皮为前蛹，进而化蛹，羽化期与雌同，交配后雄虫死亡，雌继续为害至越冬。初孵若虫雌多于枝上固着为害，雄多到叶上主脉两侧群集为害。天敌有瓢虫、草蛉、寄生蜂等。

4. 防治方法

（1）做好苗木、接穗、砧木检疫消毒。

（2）保护引放天敌。

（3）剪除虫枝或刷除虫体。冬季枝条上结冰凌或雾凇时，用木棍敲打树枝，虫体可随冰凌而落。

（4）刚落叶或发芽前喷含油量10%的柴油乳剂，如混用化学药剂效果更好。

（5）药剂防治。掌握若虫盛孵期喷药。可选用25%亚胺硫磷或50%马拉硫磷800～1 000倍液。秋末可选用0.5波美度石硫合剂、松脂合剂10～15倍液或蒽油、机油乳剂25倍液。

七、茶黄蓟马

茶黄蓟马别名茶叶蓟马、茶黄硬蓟马，还为害花生、草莓、葡萄等作物。

1. 为害状

成虫、若虫啜吸为害茶树新梢嫩叶，受害叶片背面主脉两侧有2条至多条纵向内凹的红褐色条纹，严重时叶背呈现一片褐纹，条纹相应的叶正面稍凸起，失去光泽，后期芽梢出现萎缩，叶片向内纵卷，叶质僵硬变脆。

2. 形态特征

成虫橙黄色，体小，长约1 mm（如图7—12所示），头部复眼稍凸出，有3只鲜红色单眼呈三角形排列，触角8节约为头长的3倍。翅2对，透明细长，翅缘密生长毛。卵为肾形，浅黄色。若虫体形与成虫相似，初孵时乳白色，后变浅黄色。

图 7—12　茶黄蓟马

3. 发生特点

一年发生多代。以成虫在茶花中越冬。一般 10～15 天即可完成一代。各虫态历期分别为：卵 5～8 天，若虫 4～5 天，蛹 3～5 天，成虫产卵前期 4 天。以 9—11 月发生最多，为害最重，其次是 5—6 月。成虫产卵于叶背叶肉内，若虫孵化后吮吸芽叶汁液，以 2 龄时取食最多。蛹在茶丛下部或近土面枯叶下。成虫活泼，善于爬动和作短距离飞行。阴凉天气或早晚在叶面活动，太阳直射时，栖息于茶树下层荫蔽处，苗圃和幼龄茶园发生较多。

4. 防治方法

（1）分批及时采茶，可在采茶的同时采除一部分卵和若虫，有利于控制害虫的发展。

（2）在发生高峰期前喷施 40％乐果乳油、80％敌敌畏乳油 1 000 倍液，50％马拉硫磷乳油或 50％杀螟硫磷乳油 1 500 倍液，2.5％天王星乳油 4 000 倍液。安全间隔期相应为 10 天、6 天、10 天、10 天和 6 天。

八、小绿叶蝉

1. 为害状

成、若虫吸嫩叶嫩茎汁液，被害叶初现黄白色斑点渐扩成片，严重时全叶苍白早落（如图 7—13 所示）。

图 7—13 小绿叶蝉为害状

2. 形态特征

小绿叶蝉成虫体长 3.3～3.7 mm，淡黄绿至绿色，复眼灰褐至深褐色，无单眼，触角刚毛状，末端黑色。头背面略短，向前凸，喙微褐，基部绿色。卵长椭圆形，略弯曲，长径 0.6 mm，短径 0.15 mm，乳白色。若虫体长 2.5～3.5 mm，与成虫相似（如图 7—14 所示）。

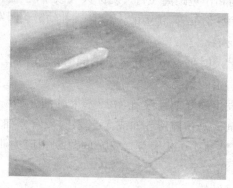

图 7—14 小绿叶蝉

3. 发生特点

小绿叶蝉每年繁殖 4～6 代，以成虫在落叶、杂草或低矮绿色植物中越冬。翌年春季，取食后交尾产卵，卵多产在新梢或叶片主脉里。卵期5～20天；若虫期10～20天，非越冬成虫寿命30天；完成1个世代40～50天。因发生期不整齐致世代重叠。夏暑季节虫口数量增加，8—9月最多且为害重。秋后以末代成虫越冬。

4. 防治方法

（1）及时分批采摘，秋末剪除生长旺盛的树冠幼嫩芽叶，清除杂草，清园集中烧毁残枯枝。

（2）利用色板诱杀。利用假眼小绿叶蝉对琥珀色和黄绿色有较强的光趋性，在虫口高峰期，可在琥珀色和黄绿色纸板上涂上机油和触杀性杀虫剂制成毒纸板，高于茶丛挂于茶园内进行诱杀。

（3）保护天敌：据调查，假眼小绿叶蝉的捕食性天敌有20多种，其中蜘蛛、瓢虫为优势种。茶园天敌数量多时，应尽量避免使用化学农药。

（4）采摘季节根据虫情预报，当百叶虫口大于10头时，于若虫高峰前选用25%阿克泰水分散粒剂7 500～15 000倍液、2.5%联苯菊酯2 000～3 000倍液、0.5%苦参素水剂600～1 000倍液、98%巴丹可湿性粉剂1 500倍液或35%赛丹乳油1 000倍液喷雾。在茶树树冠内外和叶面叶背均匀喷雾，宜采用低容量喷雾法。

九、茶尺蠖

茶尺蠖俗名拱拱虫、拱背虫、吊丝虫。是中国茶树主要害虫之一。由于此虫发生代数多，繁殖快，蔓延迅速，很易暴发成灾。长江流域以南各产茶省，尤以江、浙、皖、湘等省发生严重。

1. 为害状

幼虫咬食叶片成弧形缺刻发生严重时，会将茶树新梢吃成光秃，仅留秃枝，致树势衰弱，耐寒力差，易受冻害。大发生时常将整片茶园啃食一光，状如火烧，对茶叶生产影响极大（如图7—15所示）。

图 7—15　茶尺蠖危害状

2. 形态特征

成虫：体长 9～12 mm，翅展 20～30 mm，体翅灰白色，前翅内横线、外横线、外缘线和亚外缘线黑褐色，弯曲成波纹状，外缘有 7 个小黑点。后翅外缘有 5 个小黑点。卵：椭圆形，长约 0.8 mm，鲜绿色，孵化前转黑色。幼虫：1 龄黑色，每节有环列白色小点和纵行白线。2 龄褐色，体上白点、白线不明显，第一腹背有 2 个不明显黑点，第二腹背有 2 个褐斑，3 龄体茶褐色，第二腹背有 1 个"八"字形、第八腹背有 1 个倒"八"字形黑纹。4、5 龄体黑褐色，2—4 节腹背出现菱形斑纹。蛹：长椭圆形，长 10～14 mm，赭黑色（如图 7—16 所示）。

3. 发生特点

茶尺蠖年生 5～7 代，以蛹在树冠下表土内越冬。翌年 3 月上、中旬成虫羽化产卵，4 月初第一代幼虫始发，为害春茶。第二代幼虫于 5 月下旬至 6 月上旬发生，以后约每隔一月发生一代，10 月后以老熟幼虫陆续入土化蛹越冬。蛹期除第一代为 13 天外，2～5 代均为 6～7 天，越冬蛹长达 5 个月以上。该尺蠖受外界环境条件的影响大，其猖獗发生常有间隙现象，气候和天敌对其影响较大。冬季若特别寒冷则越冬蛹死亡率高，翌年虫口基数减少，发生较轻。一般阴雨连绵的气候有利该

图7—16 茶尺蠖

虫发生，为害重。相对湿度在80%～90%时有利卵的孵化，如气候干旱，相对湿度低于75%，卵的孵化和成虫羽化率降低。避风向阳及小气候较温暖的阳坡茶园，一代茶尺蠖发生早且重。平地茶园常较高的茶园发生重。砂质壤土、较黏重板结土和砾质砂土发生严重。天敌主要有茶尺蠖绒茧蜂、单白绵绒茧蜂。

4．防治方法

（1）秋冬季深耕施基肥进行灭蛹，清除树冠下表土中的蛹，减少虫源。

（2）利用幼虫受惊后吐丝下垂习性人工捕杀。

（3）该虫1、2代发生较整齐，3代有世代重叠现象，生产上消灭3代前的茶尺蠖，对控制全年为害具重要作用，在此基础上重视7、8月防治。发生期喷洒50%辛硫磷乳油或50%杀螟松乳油、90%晶体敌百虫、50%二溴磷乳油1 000倍液或50%杀螟腈、98%巴丹可湿粉1 000倍液、80%敌敌畏乳油1 000～1 500倍液、2.5%溴氰菊酯或10%二氯苯醚菊酯、35%赛丹乳油2 000～3 000倍液、10%天王星乳油5 000倍液、25%辛甲氰乳油2 000～3 000倍液。该虫喜在清晨和傍晚取食，最好安排在4—9时及15—20时喷洒效果好。

第三节　茶树病虫害的综合防治

一、农业防治方法

农业防治是指在茶树栽培过程中，利用一系列栽培管理技术，根据茶园环境与害虫、病菌间的关系，有目的地改变某些因子，控制害虫、病菌的危害，以达到保护茶树、防治病虫害的目的。农业防治是茶园病虫害防治最基本的方法，在病虫害防治中占有重要的地位，对于农业防治的任何忽视，都可以成为茶园病虫害加重的原因。

1. 合理种植

合理种植，首先是避免大面积单一栽培。大规模的单一栽培，会由于群落结构及物种单纯化，容易诱发特定病虫害的猖獗。其次，合理种植还包括品种搭配、合理密植和茶园间种等方面。

2. 适时中耕除草

中耕除草可以清除许多害虫、病菌的发源地或潜伏场所。同时，杂草又是许多害虫、病菌寄生繁殖的根据地，若群除杂草、及时深埋可以减少其发生。

3. 适时深耕培土

结合深翻施肥，可将表土和落叶层中越冬的害虫及多种病原菌深埋入土；可将深土层中越冬的害虫暴露地面，使之受不良气候的影响或遭天敌侵袭而死亡，或遭受直接的机械杀伤。在深翻后对茶树根部四周培土，可使土中的越冬蛹无法羽化，或羽化后无法出土。

4. 及时采摘

采摘能较好地抑制芽叶病虫的发生。对达到采摘标准的，要及时分批多次采摘，可明显地减轻多种危险性病虫的危害。经过采摘，可恶化病虫的营养条件，还可破坏害虫的产卵场所和病害的侵染途径，对有病虫芽叶还要注意重采、强采。

5. 清洁茶园

茶园内的枯枝、落叶及间作物的残枝遗骸都是害虫、病菌潜藏的地方，应当在秋冬季结合施肥等项工作，普遍进行清园，将茶园里的杂物集中起来加以处理，对于消灭越冬害虫，减少来年的发生基数有很大的作用。

二、物理防治方法

物理防治是指从生理学或生态学角度，利用光、热、颜色、温度、声波、放射线等各种物理因子防治害虫的方法。

1. 人工捕杀或摘除

这种方法用于害虫发生规模不大而集中，或虽发生面积大但零星分散，难以采用其他防治方法时。主要针对那些体形较大、行动迟缓、容易发现、易于捕捉或有群集、假死习性的害虫。

2. 灯光诱杀

灯光诱杀是根据害虫的趋光性设计的一种灭虫措施（如图7—17所示）。一般以白炽灯、日光灯、黑光荧光灯为光源，其中，以黑光荧光灯的诱杀效果最好。

图7—17　诱虫灯

3. 食饵诱杀

它是利用害虫的趋化性，以饵料诱集害虫，在饵料中加杀虫剂，当害虫食（吸）饵料时，产生中毒而死亡。

4. 色板诱杀

色板诱杀的利用是根据害虫对某种颜色光趋性的原理，诱集并杀死害虫（如图7—18所示）。最典型的例子是黄板诱杀蚜虫。色板诱杀的效果与颜色、板的设置高度、板的设置数量、涂油的种类及气象条件等因素有关，不同害虫受不同类型颜色的吸引，色板的设置高度一般以高于茶蓬表面为好。色板设置的数量必须达到每亩十块以上，才有明显的效果。色板设置的方向以当天顺风的方向为好。大风或降大雨时，没有诱杀效果。

图7—18　防虫板

5. 异性诱杀

异性诱杀是指利用昆虫异性间的诱惑能力来诱杀害虫。

三、化学防治方法

化学防治是利用化学农药对茶树病虫害进行控制的方法。

1. 化学农药的质量控制

第一，必须是高效、低毒、低残留、低水溶性的化学农药。

第二，必须明确防治的目标害虫、病菌的种类，在上述原则的前提下，选择可兼治其他害虫、病菌的广谱性农药。

第三，对同一茶园在不同年份或不同季节合理地轮用或混用农药，其作用是在于控制害虫、病菌产生抗性。

2. 防治标准的控制

正确掌握茶树病虫害的防治指标是进行化学防治的前提。茶园病虫害防治的目的是控制病虫危害，将有害生物控制在允许的经济阈值以下，并非要彻底消灭某种有害生物的种群。因此，要纠正"见虫就治""无虫先防"和"治虫不计成本"的错误做法。

3. 防治适期的选择

正确掌握茶树病虫害的防治适期是有效进行化学防治的关键。茶树病虫在其发育生长过程中，往往有一个阶段对化学农药最为敏感，抓住此时机施药防治，就可以收到事半功倍的效果。

四、生物防治方法

生物防治方法主要利用天敌以虫治虫和生物农药进行防治。

1. 利用天敌

具有较高应用价值的天敌是食虫昆虫、病原微生物以及鸟类、两栖类等脊椎动物和捕食螨、蜘蛛、螳螂等无脊椎动物。

2. 使用生物农药防治

生物农药对茶叶品质和环境不会构成污染，对人、畜的毒性也很低，因而是生产优质茶叶的适用农药。目前，在茶叶生产中应用的生物农药种类有微生物农药、植物源农药和核型多角体病毒等。

（1）微生物农药

在茶园中应用的微生物农药有：苏云金杆菌、白僵菌、粉虱真菌制剂等。

（2）植物源农药

常见的有苦参碱、印楝素、鱼藤酮、百部碱、蛇床子素等植物源农药制剂。

（3）核型多角体病毒

核型多角体病毒无细胞结构，是一类病毒杀虫剂，主要寄生于鳞翅目幼虫。在寄生体内复制增殖，形成蛋白质结晶状的多角体，在细胞核内增殖，然后再感染健康细胞，直至昆虫化脓而死亡。病虫粪便和虫尸表皮破裂后释放出多角体，通过风、雨、昆虫、鸟类携带而广泛传播，使病毒病在害虫种群中流行。核型多角体病毒药效缓慢，但持效期长达 2 年以上。

第四节　茶树的施药方法

正确的施药方法有利于提高农药的药效，减少农药的流失。同时达到治虫又安全的目的。正确的施药方法包括合理确定剂量及稀释的倍数、选用合适的器械及操作方法和安全间隔期的掌握等。施药过程要做好农事记录，以便更好地控制茶叶的质量安全。下面简要介绍在茶树上正确使用农药的方法。

一、我国禁止在茶树上使用的农药

我国茶园禁用农药品种有：六六六、滴滴涕、毒杀芬、二溴氯丙烷、杀虫脒、二溴乙烷、除草醚、艾氏剂、狄氏剂、汞制剂、砷、铅类、敌枯双、氟乙酰胺、毒鼠强、涕灭威、硫环磷、地虫硫磷、苯线磷、氰戊菊酯、甘氟、氟乙酸钠、毒鼠硅、甲胺磷、甲基对硫磷、对硫磷、久效磷、磷胺、甲拌磷、甲基异硫磷、克百威、特丁硫磷、甲基硫环磷、治螟磷、内吸磷、灭线磷、蝇毒磷、三氯杀螨醇、氯唑磷等。

二、严格按照农药使用说明进行

严格按照稀释倍数配比农药，一般情况配比需经两次溶解，即先用少量水溶解后再兑水至所需的比例。应严格按安全间隔期采摘，掌握施药方法和每季最多使用的次数。

三、正确用药

最好使用植物源农药、微生物源农药、矿物源农药、动物源农药。

四、适时用药

按照防治指标和防治适期，适时施药。同时施药最好能够在早上露水干后或者傍晚进行，中午一般不施。很多农民都在中午喷药打虫，实际上，在中午打虫农药容易失效。而且中午天气热，虫子一般不会出来吸食，人却容易中毒，危及生命。

五、施药安全

施药时注意人身安全，防止农药中毒。打药人员在操作时需戴口罩进行，顺风向以防农药进入口鼻。施药完毕换去服装，清洗干净。

六、适宜的施药方式

将农药尽量喷施到目标上才是经济有效的喷施方法。多种茶园害虫栖息部位隐蔽，低龄幼虫多在茶树中下部的成熟老叶背面取食、活动。实际操作中应根据病虫在茶园中的分布特点，选择相应的施药方式。假眼小绿叶蝉、茶蚜、茶橙瘿螨、茶尺蠖等害虫喜食茶树嫩叶和嫩梢，常分布在茶树的蓬面，施药时应采用蓬面喷雾的方法。黑刺粉虱、茶毛虫等喜食茶树成叶，主要分布在茶丛中下层，施药时应采用侧位喷雾或仰喷的方法，将茶丛中下层叶背喷湿。蚧类害虫分布在茶树枝杆上和叶片上，施药时应将枝杆和茶叶正反面均喷湿。此外，春夏两季，茶树叶面积系数大，阵雨多，药液很难进入茶树中下层，易在未被充分吸收前就被雨水稀释、冲刷。因此可以采用雾化效果好的先进喷雾设备进行施药，如高压喷雾。

培训大纲建设

一、培训目标

通过培训，培训对象可以在茶叶基地、茶场、茶园等茶树栽培、管理岗位从事茶事活动。

1. 理论知识培训目标

（1）了解茶树的基本知识、生长的环境条件、茶树的繁殖方式与特点。

（2）了解茶园管理中的耕锄，掌握茶园施肥、茶树修剪的知识。

（3）了解各茶类的采摘标准，掌握茶叶采摘方法。

（4）了解茶树灾害性气象的防御及补救措施。

（5）了解茶树病虫害，掌握主要害虫的防治方法，熟悉茶树病虫害的综合防治。

2. 操作技能培训目标

（1）观察茶树的形态特征（根、茎、叶，花、果实和种子）加深对知识的理解。

（2）懂得观察茶园的土壤结构，并能初步判断水分及养分是否能供茶树正常生长。

（3）掌握绿茶、红茶、乌龙茶等的采摘。

（4）了解茶树的嫁接、压条技术，掌握扦插技术、种植方法。

（5）掌握茶树施肥、修剪技术。

（6）掌握病虫害防治的施药技术。

二、培训课时安排

总课时数：90 课时

理论知识课时：50 课时

操作技能课时：40 课时

具体培训课时分配见下表。

培训课时分配表

培训内容	理论知识课时	操作技能课时	总课时	培训建议
第一章　茶树的基本知识	**6**	**4**	**10**	**重点**：茶树的形态特征的掌握。
第一节　茶树的形态特征	2	4	6	**难点**：乔木与灌木的区别及真叶、鱼叶的区别。结合茶树的年发育周期进行茶事活动。
第二节　茶树的生物学特征	4	0	4	**建议**：学员结合当地茶树品种，掌握不同茶树叶片形态特征的区别
第二章　茶树生长的环境条件	**6**	**4**	**10**	**重点**：高山出好茶的原因。
第一节　茶树生长气候条件	3	0	3	**难点**：能根据茶树生长土壤条件判断茶园土壤情况并采取措施。
第二节　茶树生长土壤条件	3	4	7	**建议**：到茶园现场观测茶园土壤的结构和水、肥条件
第三章　茶树的繁殖	**8**	**8**	**16**	**重点**：茶树扦插的发根原理、扦插方法。
第一节　茶树的扦插技术	4	6	10	**难点**：插穗的选择与剪取，茶树种植的方法。
第二节　其他无性性繁殖方式	2	0	2	**建议**：让学员亲自动手，剪取插穗在茶苗圃中体验。到茶园去实地观察
第三节　茶树的种植	2	2	4	
第四章　茶园管理	**8**	**8**	**16**	**重点**：适时的耕锄、做好保水保肥工作、合理地修剪促进茶树的生长。
第一节　茶园耕锄	2	2	4	**难点**：根据气候、茶树生长的情况合理地采用轻、深、重修剪。
第二节　茶园土壤的水分管理	2	2	4	
第三节　茶园施肥	2	2	4	**建议**：结合教材所给的图例进行修剪，体验更深刻
第四节　茶树修剪	2	2	4	

培训内容	理论知识课时	操作技能课时	总课时	培训建议
第五章　茶叶采摘	**6**	**6**	**12**	重点：了解各茶类的采摘标准、留养方法。
第一节　合理采摘	4	2	6	难点：绿茶的"细嫩采"方法与乌龙茶采摘的成熟度掌握。
第二节　采摘技术	2	4	6	建议：体验式教学，把课堂搬到茶园中，现场教学
第六章　茶树灾害性气象的防御及补救	**8**	**2**	**10**	重点：了解茶树主要的气象灾害。
第一节　冻害	2	0	2	难点：懂得灾害前的防御和受灾后的补救措施。
第二节　旱、热害	2	1	3	建议：可根据当地常见的灾害重点教学，其他做了解
第三节　湿害	2	1	3	
第四节　风、雹害	2	0	2	
第七章　茶树病虫害的防治	**8**	**8**	**16**	重点：了解各种病害、虫害的为害状，常用的防治方法、防治药品。
第一节　茶树主要病害防治	2	2	4	难点：根据茶树为害状确定采用什么防治方法和正确的施药方法。
第二节　茶树主要害虫防治	2	2	4	建议：有条件的可以现场体验、观摩
第三节　茶树病虫害的综合防治	2	2	4	
第四节　茶树的施药方法	2	2	4	
合计	**50**	**40**	**90**	